Ursula Lassert

Natur um uns herum
Das Wasser

Kopiervorlagen zur Freiarbeit

Sachunterricht 3.–6. Jahrgangsstufe

Auer Verlag GmbH

Gedruckt auf umweltbewusst gefertigtem, chlorfrei gebleichtem
und alterungsbeständigem Papier.

2. Auflage. 1999
Nach der Neuregelung der deutschen Rechtschreibung

Zeichnungen: Ursula Lassert
Gesamtherstellung: Ludwig Auer GmbH, Donauwörth
ISBN 3-403-0**2593**-4

Inhalt

Das Element Wasser

Wasser ist der Grundstoff, mit dem wir täglich mehrmals in Berührung kommen und den wir zu den verschiedensten Zwecken gebrauchen: z. B. nehmen wir ihn in uns auf, da wir ohne Wasser nicht leben können. Der Mensch besteht zum größten Teil sogar selbst aus Wasser. Wie wichtig ist es da, über diesen Grundstoff Näheres zu erfahren und ihn spielerisch und forschend zu entdecken.

Das vorliegende Arbeitsbuch zielt darauf ab, den Kindern die Bedeutung des Wassers spürbar zu machen. Durch das Buch sollen die Kinder die verschiedenen Fähigkeiten und Eigenschaften des Wassers kennen lernen. Die Arbeitsblätter regen zu selbstständigen Beobachtungen und Versuchen an, die wiederum neue Erkenntnisse gewinnen lassen. Es ist zu hoffen, dass diese Blätter die Kinder davon überzeugen, wie wichtig der sorgfältige und bewusste Umgang mit Wasser ist.

Das Buch ist für die selbstständige Arbeit des Schülers während der Freiarbeit in den Klassen 3–6 gedacht. Auf eine konkretere Jahrgangsempfehlung wird verzichtet, da der Lehrer die Leistungsfähigkeit seiner Klasse am besten einschätzen kann.

Der Lehrer schlüpft in die Rolle des Beraters und Helfers und überlässt dem Schüler Tempo und Umfang des Lernstoffs. Die Arbeitsblätter können von den Schülern zu einem Buch gebunden werden, das mit dem „Titelblatt“ für das Schülerbuch beginnt. Zusätzliche Blätter mit Bildern (Fotos, Zeichnungen) und Texten (selbstgestaltete oder Zeitungsartikel) können ergänzt werden.

Die beiliegenden Kontrollblätter ermöglichen ein selbstständiges Arbeiten. Es genügt, wenn zwei oder drei Exemplare – möglichst auf andersfarbigem Papier kopiert – in der Klasse ausliegen.

Die Arbeitsblätter sind abwechslungsreich gestaltet. Das Thema wird von unterschiedlichen Seiten aufgegriffen. Auf mannigfaltige Weisen können die Kinder ihr Wissen vertiefen: Durch das Lesen von Texten, durch Kreuzwort- und Silbenrätsel, durch Quizfragen, durch das schriftliche Fixieren neuer Erkenntnisse, durch Bastel- und Malaufgaben und durch Arbeitsaufträge, die hinaus aus der Schule zu den realen Wasservorkommen führen.

Es werden Anregungen zu Ausflügen, Besichtigungen und Bibliotheksbesuchen gegeben. Die Arbeitsblätter richten sich nicht nur an intellektuelle, sondern auch an manuelle und kreative Fähigkeiten. Durch konkretes Handeln können Erfahrungen gesammelt werden (Sammeln, Experimentieren, Auswerten ...).

Die Arbeitsblätter werden dem Prinzip des fächerübergreifenden Lernens gerecht, indem sprachliche Fähigkeiten angesprochen und erweitert werden (Erzählen, Lesen, Zuordnen von Bild und Text, schriftliches Fixieren, Erweitern des Wortschatzes ...). Die musischen, künstlerischen Begabungen werden aktiviert durch Gedichte, Herstellen von Bildern, Basteln usw.

Bedeutsame Sachverhalte und aktuelle Probleme werden angesprochen (Belastung der Umwelt). Die Kinder werden dazu aufgefordert, Lösungen zu suchen, und sie erkennen, wie das Handeln des Menschen sich auf Natur und Umwelt auswirkt. So wird das Interesse für Sachverhalte geweckt, auf die das Kind bisher vielleicht noch nicht gestoßen ist.

Gemäß den Richtlinien für den Sachunterricht an Grundschulen, werden Anregungen gegeben, wie sich Kinder neue Sachverhalte selbstständig erschließen können. Die kindliche Freude am Spielen, Beobachten und Entdecken wird berücksichtigt.

Die verschiedenen Formen des Handelns werden, wie es in den Richtlinien gewünscht wird, beachtet:

- Die Gestaltung der Arbeitsblätter ermöglicht es, Probleme durch Spielen, Beobachten und Erkunden anzugeben (entdeckende Form des Handelns).

- Die Kinder werden zu konkretem Handeln angeleitet, wodurch Denken und Einsicht gefördert, Kommunikation und Kontakte mit anderen Menschen unterstützt werden (dialogische Form des Handelns).

- Anregungen und Hilfe auf den Blättern führen die Kinder dazu, selbst etwas durch Basteln, Malen, Schreiben herzustellen (gestaltende Form des Handelns).

- Beobachtetes, Ausprobiertes wird eingeordnet, Ergebnisse verinnerlicht, Zusammenhänge erkannt (verstehende Form des Handelns).

- Ergebnisse werden gesichert, Sammlungen angelegt, Kenntnisse geübt und eingeprägt. Neue Begriffe werden festgehalten (festigende Form des Handelns).

Literatur zu diesem Thema:

- Keen, Martin L.: Luft und Wasser. (Reihe: Was ist Was?) Tessloff Verlag
- Mönter, Burckhard: Ohne Wasser läuft nichts. Hrsg. v. Schächter, Markus. Wolfgang Mann Verlag
- Greisenegger, Ingrid/Katzmann, Werner/Pitter, Klaus: Umweltspürnasen-Aktivbuch Wasser. Orac Verlag
- Veit, Barbara / Wolfrum, Christine: Das Buch vom Wasser. Ravensburger Buchverlag Otto Maier

Dieses

WASSER-BUCH

gehört

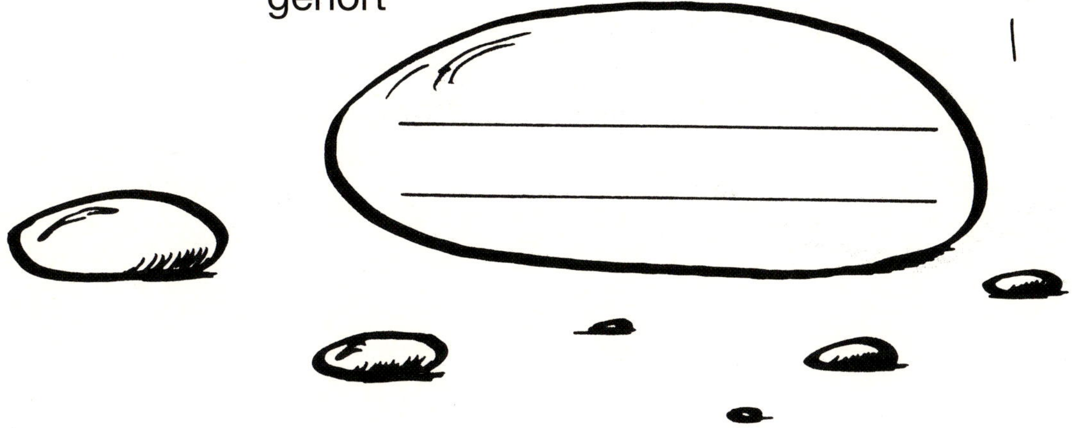

1. Die Erde müsste Wasser heißen

Unser Planet heißt Erde, obwohl der größte Teil davon Wasser ist. 70% (das sind ungefähr $\frac{3}{4}$) der Erdoberfläche ist mit Wasser bedeckt.
Würdest du $\frac{3}{4}$ eines Kreises anmalen,
sähe das Ergebnis aus wie auf der Skizze.
Natürlich ist die Verteilung von Erde und
Wasser nicht so ordentlich.

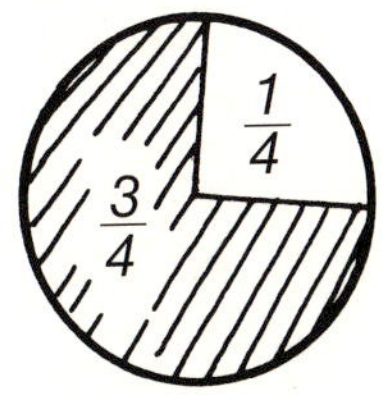

Wasser findest du in vielerlei Formen auf der Erde; nämlich als Meere, Flüsse, Seen, Bäche, Ozeane, Teiche und Ströme.

Ordne diese Gewässer der Größe nach!

Bäche, ____

____

Neben Feuer, Luft und Erde gehört das Wasser zu den Urgewalten.

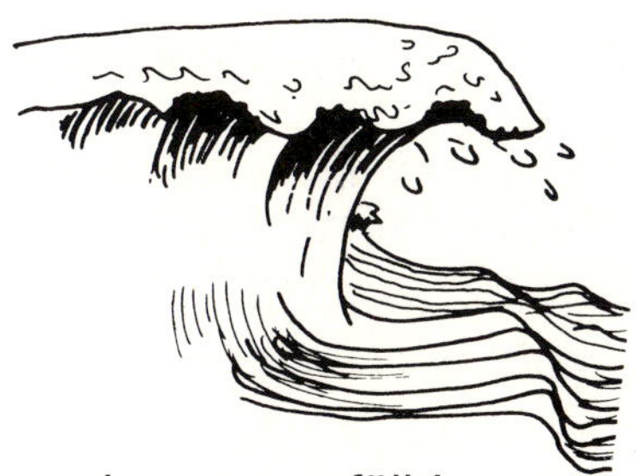

Wasser **bewegt** ganze Erdmassen.
Wasser **formt** Steine, ja sogar ganze Gebirge.
Die Wellen der Meere **bilden** die Küstenlinien der Erdteile.
Heute noch. Immer wieder. Jeden Tag. Jede Stunde.

Klebe oder zeichne ein Bild von einem Gewässer hierhin, das dir besonders gut gefällt!

Sammle vom Wasser glatt geschliffene Kieselsteine! Vergleiche trockene und feuchte Kieselsteine!

1. Die Erde müsste Wasser heißen · Kontrollblatt

Unser Planet heißt Erde, obwohl der größte Teil davon Wasser ist. 70% (das sind ungefähr $\frac{3}{4}$) der Erdoberfläche ist mit Wasser bedeckt.
Würdest du $\frac{3}{4}$ eines Kreises anmalen,
sähe das Ergebnis aus wie auf der Skizze.
Natürlich ist die Verteilung von Erde und
Wasser nicht so ordentlich.

Wasser findest du in vielerlei Formen auf der Erde; nämlich als Meere, Flüsse, Seen, Bäche, Ozeane, Teiche und Ströme.

Ordne diese Gewässer der Größe nach!

Bäche, Teiche, Seen, Flüsse, Ströme, Meere, Ozeane

Neben Feuer, Luft und Erde gehört das Wasser zu den Urgewalten.

Wasser **bewegt** ganze Erdmassen.
Wasser **formt** Steine, ja sogar ganze Gebirge.
Die Wellen der Meere **bilden** die Küstenlinien der Erdteile.
Heute noch. Immer wieder. Jeden Tag. Jede Stunde.

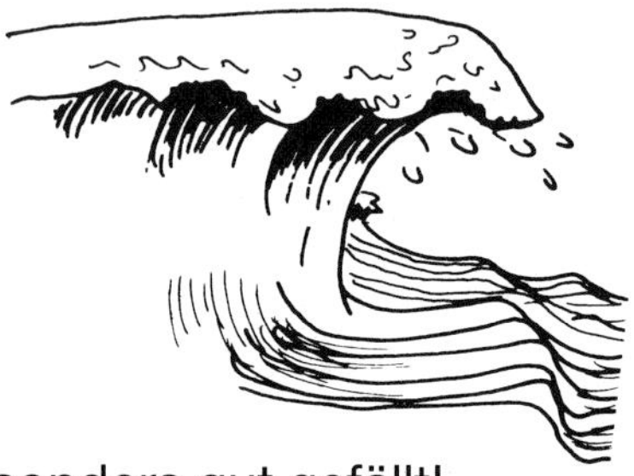

Klebe oder zeichne ein Bild von einem Gewässer hierhin, das dir besonders gut gefällt!

Sammle vom Wasser glatt geschliffene Kieselsteine! Vergleiche trockene und feuchte Kieselsteine!

2. Zu viel oder zu wenig Wasser auf der Erde?

Der größte Teil der Erde ist Wasser. Dennoch leiden Millionen von Menschen an Wassermangel. Wieso? Weil sich der größte Teil des Wassers, nämlich 97%, in den Meeren befindet, also ungenießbares Salzwasser ist.

Nur 3% ist Süßwasser, davon das meiste unerreichbar für uns in den Gletschern des Nord- und Südpols. Das bisschen Wasser, das noch übrig bleibt, verteilt sich ungleichmäßig über den Rest der Erde.

Hier siehst du drei Ansichten unseres Planeten vom Weltall aus. Male das Wasser blau, die Antarktis weiß und die sichtbaren Erdteile gelb an!

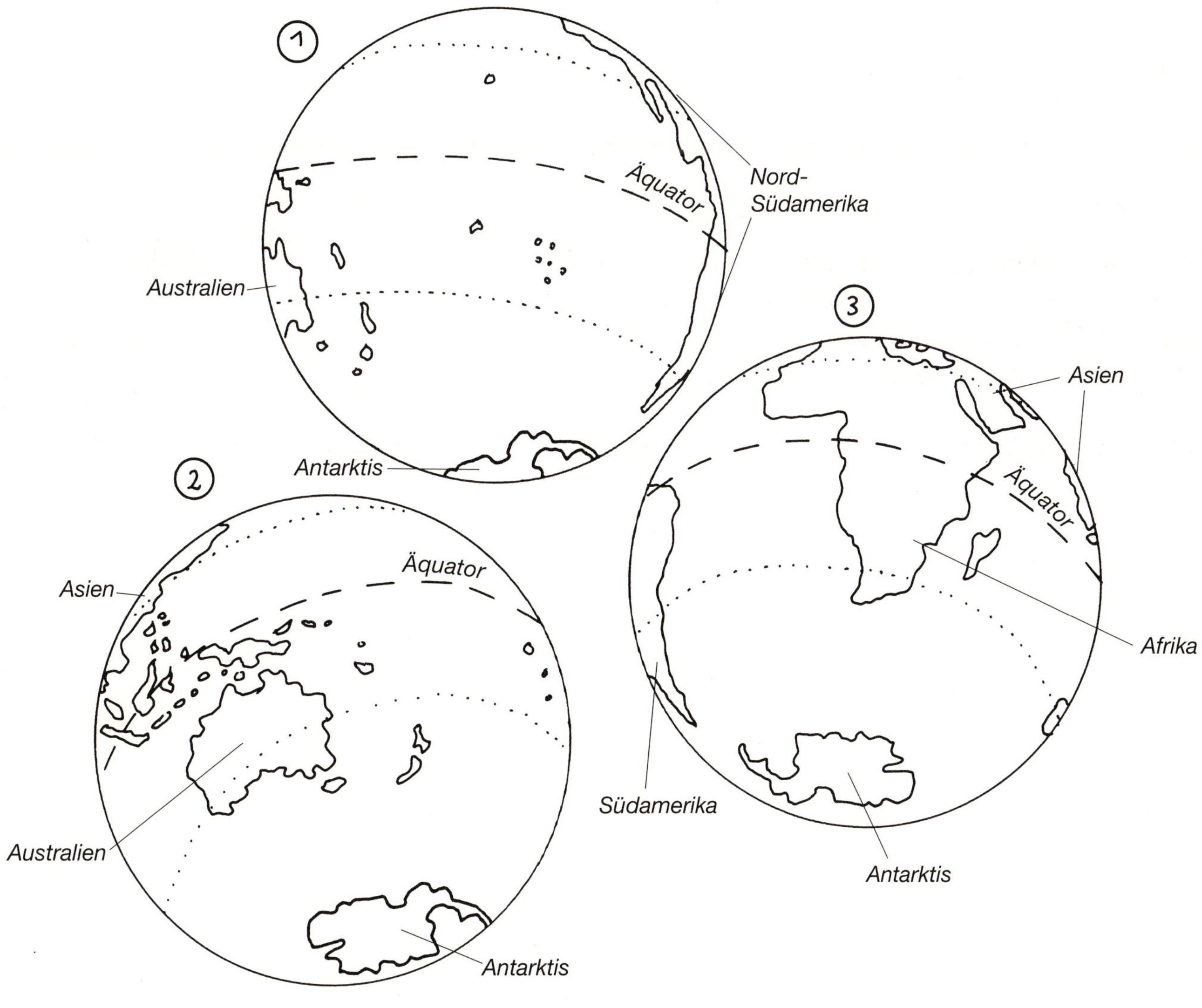

Kannst du mit Hilfe eines Atlas oder Globus die Namen der drei Ozeane feststellen? Dann schreibe sie dazu.

2. Zu viel oder zu wenig Wasser auf der Erde? · Kontrollblatt

Der größte Teil der Erde ist Wasser. Dennoch leiden Millionen von Menschen an Wassermangel. Wieso? Weil sich der größte Teil des Wassers, nämlich 97%, in den Meeren befindet, also ungenießbares Salzwasser ist.

Nur 3% ist Süßwasser, davon das meiste unerreichbar für uns in den Gletschern des Nord- und Südpols. Das bisschen Wasser, das noch übrig bleibt, verteilt sich ungleichmäßig über den Rest der Erde.

Hier siehst du drei Ansichten unseres Planeten vom Weltall aus. Male das Wasser blau, die Antarktis weiß und die sichtbaren Erdteile gelb an!

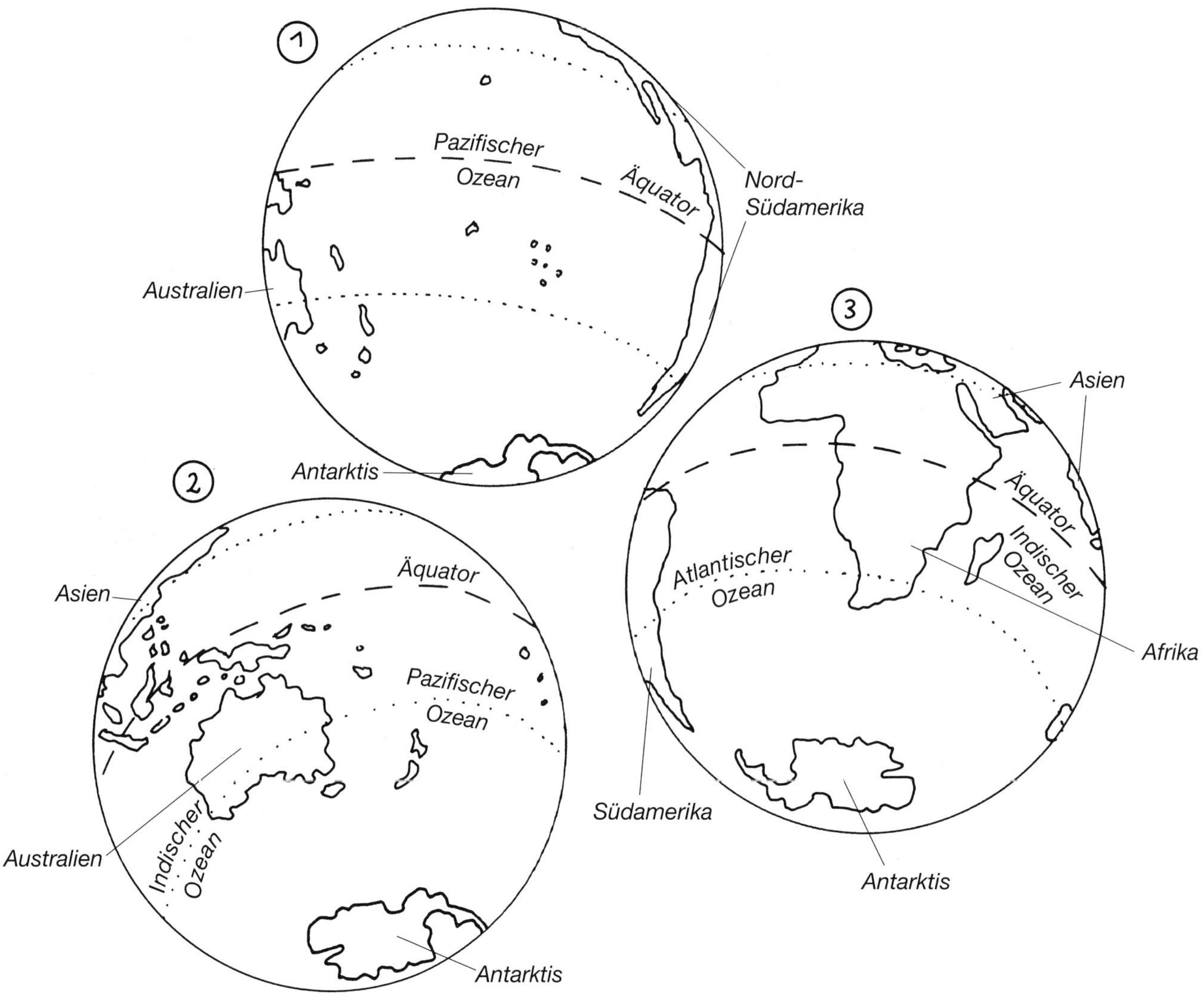

Kannst du mit Hilfe eines Atlas oder Globus die Namen der drei Ozeane feststellen? Dann schreibe sie dazu!

3. Lange Flüsse dieser Welt

Unzählige große und kleine Flüsse befinden sich auf unserer Erde. Hier sind einige besonders lange. Aber mit den Namen scheint etwas nicht zu stimmen.

Kannst du sie richtig aufschreiben?

In Europa:	NIEHR (1320 km)	__ __(7) __(11) __ __
	AGLOW (3688 km)	__ __ __ __ __
	UANOD (2850 km)	__ __ __ __(2) __
In Afrika:	LIN (6671 km)	__ __(5) __
	OGNOK (4700 km)	__(1) __ __ __ __
In Nordamerika:	IPPISSISSIM (6418 km)	__ __ __ __(9) __ __ __(3) __ __(4) __ __
	SANOZAMA (6516 km)	__ __ __ __ __ __ __ __
In Asien:	GNOKEM (4500 km)	__ __(8) __ __ __ __
	SEGNAG (2700 km)	__ __ __ __ __(12) __(6)
In Australien:	YARRUM (2570 km)	__(10) __ __ __(13) __ __

Die nummerierten Buchstaben verraten den Namen des größten Binnensees der Welt. Er liegt zwischen Europa und Mittelasien und heißt

__(1) __(2) __(3) __(4) __(5) __(6) C __(7) __(8) __(9) __(10) __(11) __(12) __(13).

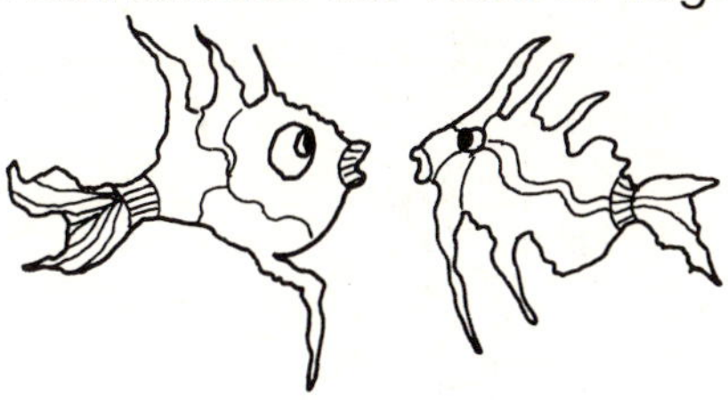

Schreibe die Flüsse ihrer Länge nach auf! Beginne mit dem kürzesten!

____

____

____

Versuche, mindestens drei dieser Flüsse im Atlas oder auf dem Globus zu finden!

3. Lange Flüsse dieser Welt · Kontrollblatt

Unzählige große und kleine Flüsse befinden sich auf unserer Erde. Hier sind einige besonders lange. Aber mit den Namen scheint etwas nicht zu stimmen.

Kannst du sie richtig aufschreiben?

In Europa:	NIEHR (1320 km)	*R H (7) E (11) I N*
	AGLOW (3688 km)	*W O L G A*
	UANOD (2850 km)	*D O N A (2) U*
In Afrika:	LIN (6671 km)	*N I (5) L*
	OGNOK (4700 km)	*K (1) O N G O*
In Nordamerika:	IPPISSISSIM (6418 km)	*M I S S (9) I S S (3) I P (4) P I*
	SANOZAMA (6516 km)	*A M A Z O N A S*
In Asien:	GNOKEM (4500 km)	*M E (8) K O N G*
	SEGNAG (2700 km)	*G A N G E (12) S (6)*
In Australien:	YARRUM (2570 km)	*M (10) U R R (13) A Y*

Die nummerierten Buchstaben verraten den Namen des größten Binnensees der Welt. Er liegt zwischen Europa und Mittelasien und heißt

K (1) A (2) S (3) P (4) I (5) S (6) C *H (7) E (8) S (9)* *M (10) E (11) E (12) R (13)*.

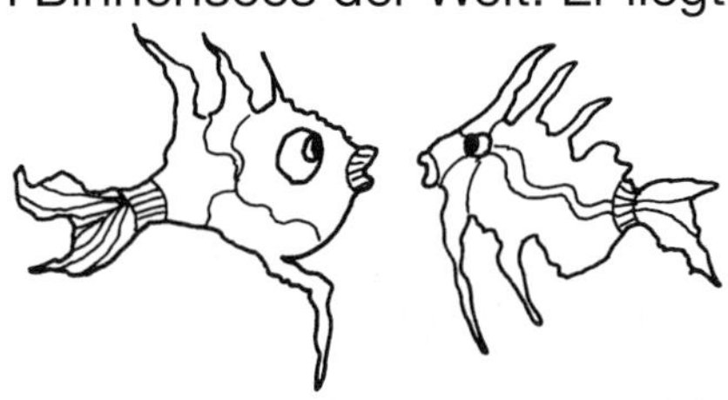

Schreibe die Flüsse ihrer Länge nach auf! Beginne mit dem kürzesten!

1. Rhein, 2. Murray, 3. Ganges, 4. Donau, 5. Wolga, 6. Mekong, 7. Kongo, 8. Mississippi,

9. Amazonas, 10. Nil

Versuche, mindestens drei dieser Flüsse im Atlas oder auf dem Globus zu finden!

4. Wassermann und Wasserfrau

Nicht nur die Erde, sondern auch der Mensch besteht zu ca. 70% aus Wasser. Bei der Sonnenblume sind es sogar 97%.

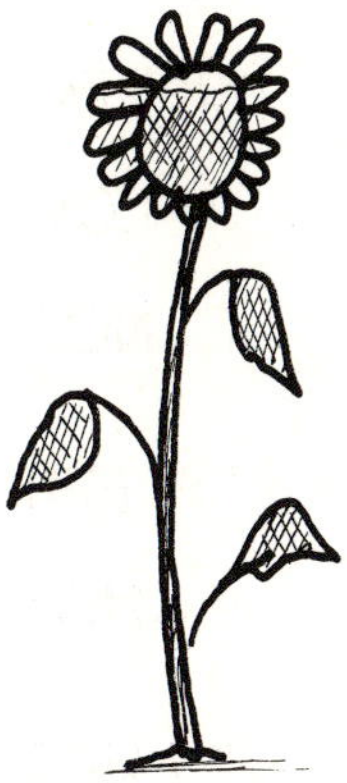

In Wirklichkeit ist die Verteilung nicht so wie auf diesen Zeichnungen. Wir stehen nicht bis zu den Achseln im Wasser. Es verteilt sich über den ganzen Körper, aber nicht gleichmäßig.

Der Glaskörper unseres Auges besteht z. B. zu 97% aus Wasser, unsere Zähne dagegen nur zu 2%. Die Blutflüssigkeit in unseren Adern besteht zu 90% aus Wasser. In 24 Stunden fließt 1400 Liter Wasser durch unser Gehirn, 2000 Liter durch unsere Nieren.

Jeden Tag muss der Mensch 2–3 Liter Wasser zu sich nehmen. Zum Teil trinkt er es, zum Teil nimmt er es durch die feste Nahrung auf. Der Mensch kann ohne feste Nahrung 40 Tage leben, ohne Wasser aber nur ein paar Tage.

Bei Hitze und großer körperlicher Anstrengung braucht der Mensch besonders viel Wasser, da er dann viel schwitzt.

Außer den Menschen schwitzen nur noch Affen und Pferde. Der Hund dagegen verdunstet das Wasser durch das Hecheln über Zunge und Maul.

5. Der Kreislauf des Wassers I

Wasser gibt es nicht nur in Form von Bächen, Seen, Flüssen und Meeren, sondern auch als

Schreibe die Wörter hier richtig auf!

Auf unserer Erdkugel geht kein Wasser verloren. Es fließt nicht plötzlich davon. Wasser verändert zwar seine Form, bleibt aber auf der Erde. Bildlich gesprochen wandert Wasser immer im Kreis.

Man spricht vom **Kreislauf** des Wassers:

Ein Wassertropfen schwimmt auf dem Ozean. Die Sonne wärmt das Wasser. Der Tropfen verdunstet. Er steigt als Wasserdampf hoch. Mit vielen anderen Tröpfchen bildet er eine Wolke. Der Wind bläst die Wolke zum Festland. Wenn sie auf kalte Luft trifft, werden die Tropfen zu dicken Regentropfen. Sie fallen auf die Erde. Der Tropfen schwimmt im Bach und Fluss zurück zum Meer. Hier beginnt seine Reise von vorne.

Vielleicht fällt der Tropfen nicht in einen Bach, sondern sickert in den Erdboden und wird dort von den Wurzeln einer Pflanze aufgesogen. Später tritt er dann durch eine Spalte im Blatt der Pflanze aus, wo er beim Sonnenschein verdunstet.

Am längsten dauert seine Reise, wenn der Tropfen so weit durch das Erdreich sickert, bis er in das Grundwasser gelangt. Dort kann er viele Jahrzehnte bleiben, bevor er wieder an die Erdoberfläche oder ins Meer kommt.

5. Der Kreislauf des Wassers I · Kontrollblatt

Wasser gibt es nicht nur in Form von Bächen, Seen, Flüssen und Meeren, sondern auch als

Schreibe die Wörter hier richtig auf!

Wolken, Hagel, Eis, Tau, Schnee, Nebel, Regen

Auf unserer Erdkugel geht kein Wasser verloren. Es fließt nicht plötzlich davon. Wasser verändert zwar seine Form, bleibt aber auf der Erde. Bildlich gesprochen wandert Wasser immer im Kreis.

Man spricht vom **Kreislauf** des Wassers:

Ein Wassertropfen schwimmt auf dem Ozean. Die Sonne wärmt das Wasser. Der Tropfen verdunstet. Er steigt als Wasserdampf hoch. Mit vielen anderen Tröpfchen bildet er eine Wolke. Der Wind bläst die Wolke zum Festland. Wenn sie auf kalte Luft trifft, werden die Tropfen zu dicken Regentropfen. Sie fallen auf die Erde. Der Tropfen schwimmt im Bach und Fluss zurück zum Meer. Hier beginnt seine Reise von vorne.

Vielleicht fällt der Tropfen nicht in einen Bach, sondern sickert in den Erdboden und wird dort von den Wurzeln einer Pflanze aufgesogen. Später tritt er dann durch eine Spalte im Blatt der Pflanze aus, wo er beim Sonnenschein verdunstet.

Am längsten dauert seine Reise, wenn der Tropfen so weit durch das Erdreich sickert, bis er in das Grundwasser gelangt. Dort kann er viele Jahrzehnte bleiben, bevor er wieder an die Erdoberfläche oder ins Meer kommt.

6. Der Kreislauf des Wassers II

Material: Schere, Klebstoff
Schneide diese Textstreifen aus! Klebe sie auf das Bild auf Seite 19! Die Form der Kästchen hilft dir dabei.

Die Wolken kühlen ab.
Es regnet oder schneit.

Der Wind bläst
die Wolken weiter.

Der abgekühlte
Wasserdampf
bildet Wolken.

Wasser sickert
in die Erde.

Auch See und Wald verdunsten Wasser.

Wasser fließt zum Meer.

Die Sonne wärmt
die Meeresoberfläche.

Wasser
verdunstet.

Wasser sickert
durch den
Erdboden.

Hier sammelt sich
Grundwasser.

7. Kreislauf des Wassers III

Klebe die Texte von Seite 18 in die richtigen Kästchen! Achte auf die Form der Kästchen! Male die Pfeile blau an!

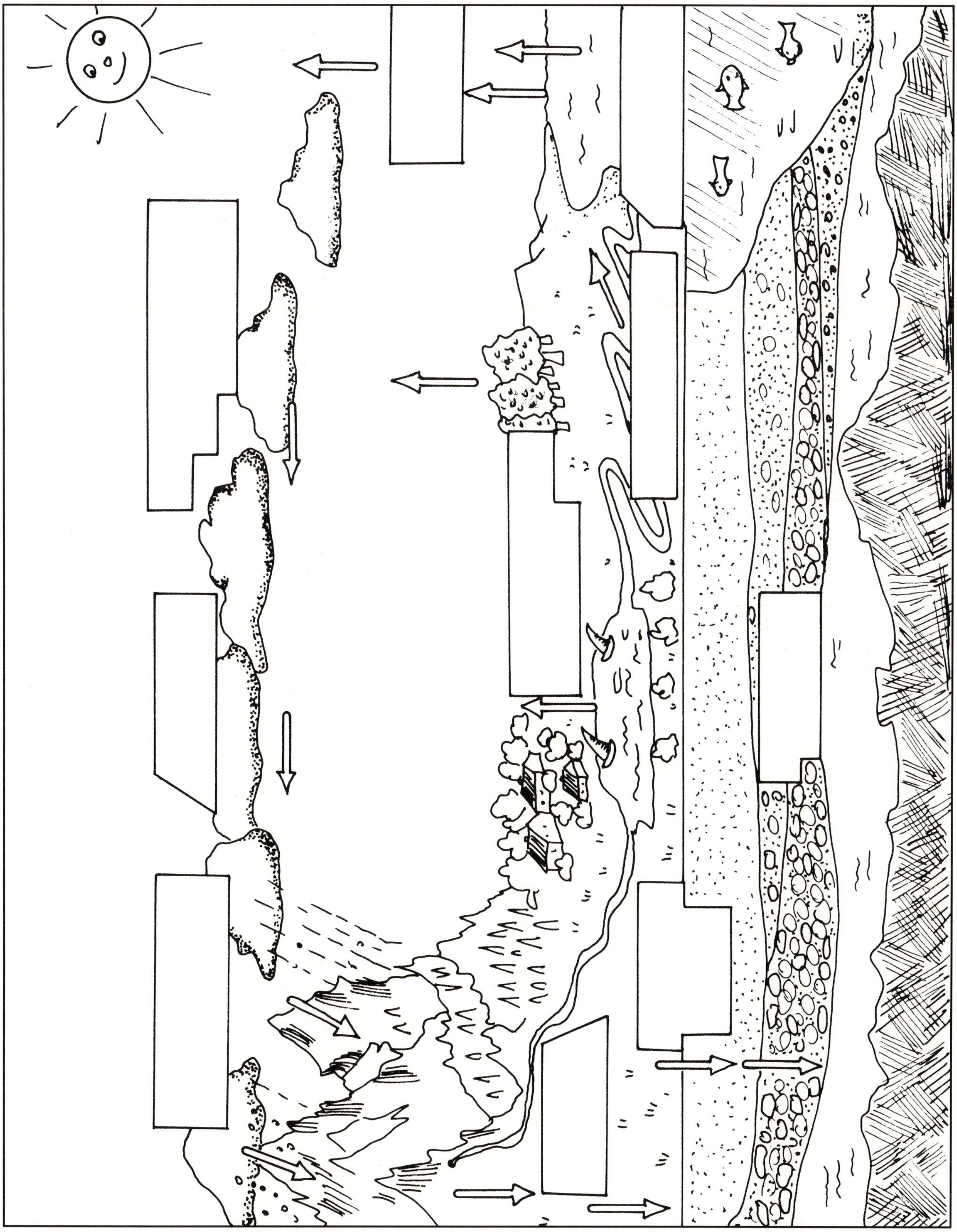

7. Kreislauf des Wassers III · Kontrollblatt

Klebe die Texte von Seite 18 in die richtigen Kästchen! Achte auf die Form der Kästchen! Male die Pfeile blau an!

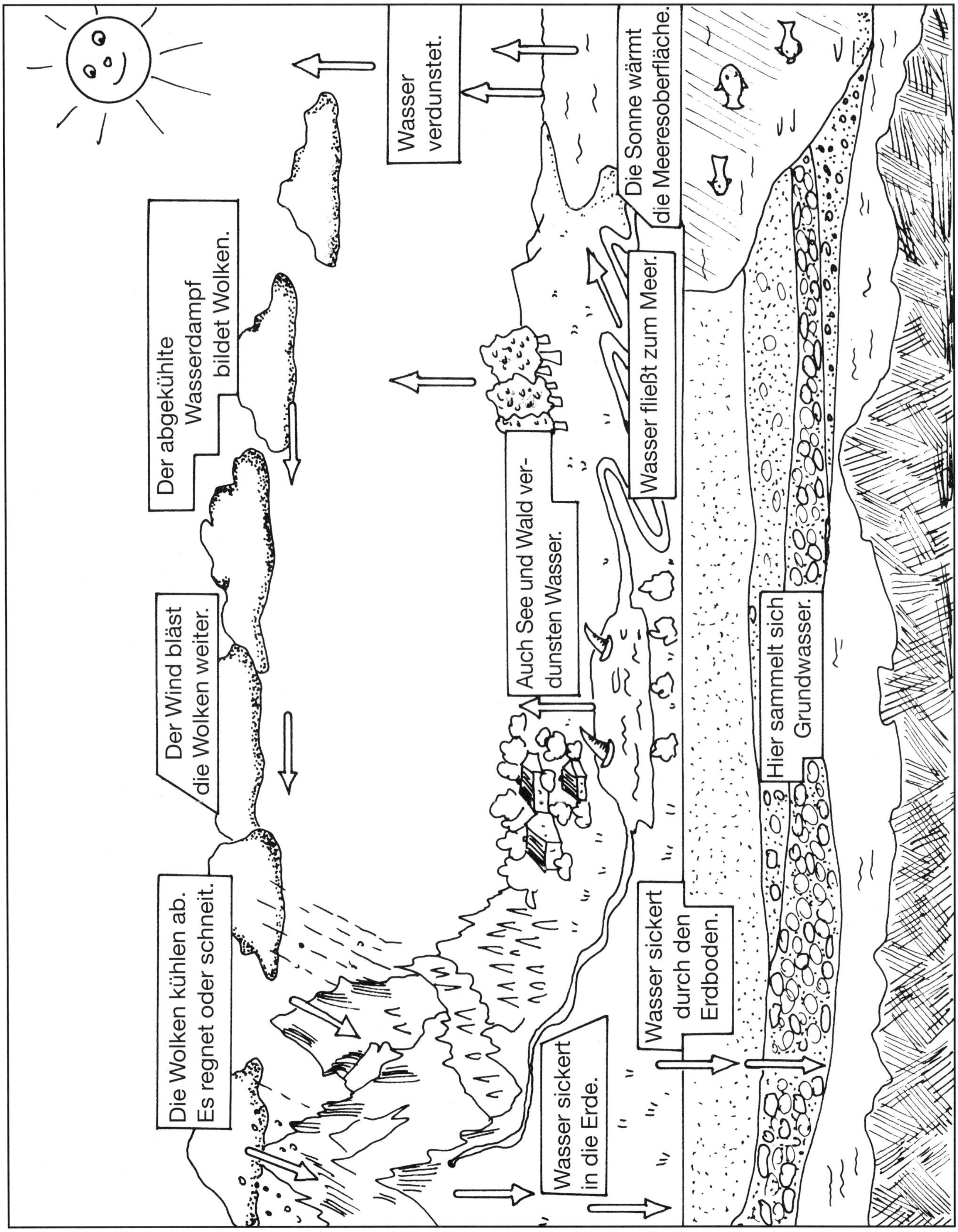

8. Regen – gesund oder schädlich?

Nicht überall auf der Erde fällt gleich viel Regen. Es gibt Gebiete, wo es monatelang oder sogar jahrelang nicht regnet. Bei uns regnet es ziemlich oft. Und die Leute ärgern sich, wenn der Regen einen geplanten Ausflug verdirbt. Trotzdem ist er wichtig und auch sehr schön.

Kurz vor dem Regen, kannst du diesen riechen. Wenn er dann fällt, siehst du überall glänzende Tropfen an Bäumen und Sträuchern hängen, die manchmal wie Diamanten glänzen.

Schau dir einen Regentropfen genau an. Welche Form hat er?
Antworte mit ja oder nein!

Wie ein Herz? ________ Wie ein Brötchen? ________

Sind alle Regentropfen gleich groß? ________

Früher wuschen sich die Leute besonders gern mit Regenwasser, weil es weich ist und für die Haut besonders gut sein soll.

Heute sollte man das lieber nicht mehr tun. Denn durch die große Luftverschmutzung ist auch der Regen schmutzig. Er ist sauer, so sauer, dass er Bäume und sogar Gestein angreift. Alte Grabsteine und Denkmäler sind zum Teil schon zerstört, die Figuren abgefallen, die Schriften unlesbar. In Venedig warnen Schilder vor herabfallenden Figuren, die vom sauren Regen zerfressen sind.

Kannst du solche zerstörten Gesteine auch in deiner Stadt oder in deinem Dorf entdecken? Mache Fotos, und klebe sie in dieses Wasserbuch!

Schreib mit deinen Freunden einen Artikel dazu! Dann schickt ihr Fotos und Artikel an eure Zeitung! Vielleicht werden sie dort veröffentlicht.

Interviewe (befrage) deine Mitschüler und auch Mitbürger zu diesem Thema! Überlege dir mit deinen Freunden Fragen für dieses Interview!

____

____

____

____

8. Regen – gesund oder schädlich? · Kontrollblatt

Nicht überall auf der Erde fällt gleich viel Regen. Es gibt Gebiete, wo es monatelang oder sogar jahrelang nicht regnet. Bei uns regnet es ziemlich oft. Und die Leute ärgern sich, wenn der Regen einen geplanten Ausflug verdirbt. Trotzdem ist er wichtig und auch sehr schön.

Kurz vor dem Regen, kannst du diesen riechen. Wenn er dann fällt, siehst du überall glänzende Tropfen an Bäumen und Sträuchern hängen, die manchmal wie Diamanten glänzen.

Schau dir einen Regentropfen genau an. Welche Form hat er?
Antworte mit ja oder nein!

Wie ein Herz? *Nein* Wie ein Brötchen? *Ja*

Sind alle Regentropfen gleich groß? *Nein*

Früher wuschen sich die Leute besonders gern mit Regenwasser, weil es weich ist und für die Haut besonders gut sein soll.

Heute sollte man das lieber nicht mehr tun. Denn durch die große Luftverschmutzung ist auch der Regen schmutzig. Er ist sauer, so sauer, dass er Bäume und sogar Gestein angreift. Alte Grabsteine und Denkmäler sind zum Teil schon zerstört, die Figuren abgefallen, die Schriften unlesbar. In Venedig warnen Schilder vor herabfallenden Figuren, die vom sauren Regen zerfressen sind.

Kannst du solche zerstörten Gesteine auch in deiner Stadt oder in deinem Dorf entdecken? Mache Fotos, und klebe sie in dieses Wasserbuch!

Schreib mit deinen Freunden einen Artikel dazu! Dann schickt ihr Fotos und Artikel an eure Zeitung! Vielleicht werden sie dort veröffentlicht.

Interviewe (befrage) deine Mitschüler und auch Mitbürger zu diesem Thema! Überlege dir mit deinen Freunden Fragen für dieses Interview!

Mögliche Fragen für das Interview:

Haben Sie schon solche zerstörten Denkmäler hier gesehen? Haben Sie sie schon im Ausland gesehen? Wenn ja, wo? Stört oder beunruhigt Sie das oder nicht? Was sind – Ihrer Meinung nach – die Gründe für diese Zerstörung? Wie könnte sie verhindert werden? …

9. Ein Regen-Gedicht

Ergänze die Wörter in dem folgenden Regen-Gedicht!

anzusehn, klopfen, Matsch, Regenfass, sehn, Sinn, Wetter, Wetter

Regenwetter

Regenwetter,
schlechtes ____________?
Ach, es ist so trüb und nass,
voll und voller wird das ____________.
Ich stell mich an das Fenster hin,
nach Rausgehn steht mir nicht der ____________.
Überall die vielen Tropfen,
wie sie auf die Steine ____________.
Sie machen pitsch, sie machen patsch,
bald sind alle Wege ____________.
Doch die Tropfen – rund und schön,
sind wie Diamanten ____________.
Höchste Zeit hinauszugehn
und das schöne Nass von nah zu ____________.
Regen, Regenwetter,
du bist bestimmt k e i n schlechtes ____________!

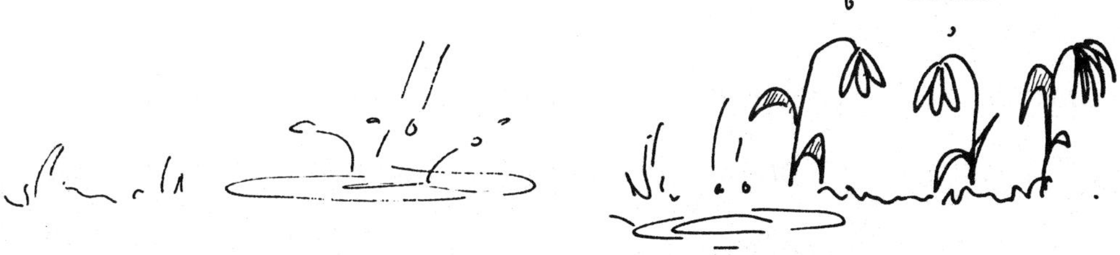

Versuche, selbst ein Gedicht zu schreiben! Es macht Spaß!

9. Ein Regen-Gedicht · Kontrollblatt

Ergänze die Wörter in dem folgenden Regen-Gedicht!

anzusehn, klopfen, Matsch, Regenfass, sehn, Sinn, Wetter, Wetter

Regenwetter

Regenwetter,
schlechtes *Wetter* ?
Ach, es ist so trüb und nass,
voll und voller wird das *Regenfass* .
Ich stell mich an das Fenster hin,
nach Rausgehn steht mir nicht der *Sinn* .
Überall die vielen Tropfen,
wie sie auf die Steine *klopfen* .
Sie machen pitsch, sie machen patsch,
bald sind alle Wege *Matsch* .
Doch die Tropfen – rund und schön,
sind wie Diamanten *anzusehn* .
Höchste Zeit hinauszugehn
und das schöne Nass von nah zu *sehn* .
Regen, Regenwetter,
du bist bestimmt k e i n schlechtes *Wetter* !

Versuche, selbst ein Gedicht zu schreiben! Es macht Spaß!

10. Die abenteuerliche Reise des Wassertröpfchens Peter

Erfinde eine Geschichte!

11. Was ist Grundwasser?

Ein Teil der Niederschläge sickert sehr tief in den Boden ein. Dort wird er entweder von den Wurzeln der Pflanzen aufgesogen, oder er sickert so weit, bis er auf eine wasserundurchlässige Schicht stößt (z. B. Lehm, Ton). Das kann kurz unter der Erdoberfläche sein, aber auch viele Meter tiefer. Dort füllt das Wasser alle Hohlräume aus. Auf diese Weise entsteht hier ein natürlicher Wasserspeicher, das Grundwasser.

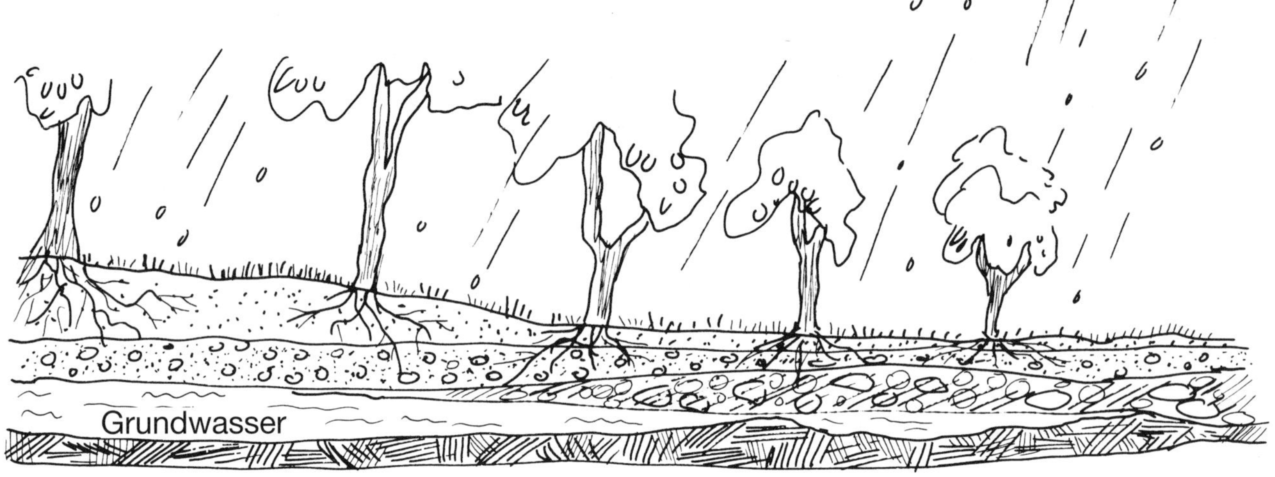

Aber auch das Grundwasser fließt. Jedoch ganz langsam, denn es kann ja nicht frei fließen, sondern muss sich durch Ritzen und Spalten im Erdreich zwängen. So braucht es für einige Kilometer manchmal Jahre oder Jahrzehnte, während ein Fluss diese Strecke in ein paar Stunden zurücklegt.
Grundwasser ist ein natürlicher Wasserspeicher. Es ist sauber, klar, frisch und gesund und hat keine Krankheitserreger; denn während des langsamen Sickerns durch den Erdboden wurde es gründlich gereinigt.

An manchen Stellen tritt das Grundwasser als Quelle aus der Erde. An anderen steigt es langsam hoch und versorgt die Pflanzen (vgl. Kapillareffekt Seite 47). Wieder an anderen Stellen wird es von den Menschen hochgepumpt, um es als Trinkwasser zu benutzen.

12. Was weißt du über Grundwasser? – Ein Silbenrätsel

Setze die Silben richtig zusammen! Sie ergeben die Antworten. Mit Hilfe der nummerierten Buchstaben erhältst du das Lösungswort.

1. Wer saugt Wasser aus der Erde? _ _ _ _ _ _ _ _ (4)

2. Nenne eine wasserundurchlässige Schicht! _ _ _ _ (3)

3. Grundwasser ist klar, frisch, gesund und _ _ _ _ _ _ . (5)

4. Wie bewegt sich Grundwasser? _ _ _ _ _ _ _ (8)

5. Für einen Weg von mehreren Kilometern braucht ein Fluss einige

   _ _ _ _ _ _ _ (7, 10), Grundwasser dagegen viele _ _ _ _ _ . (1)

6. Auf dem Sickerweg durch die Erde wird das Wasser gründlich

   _ _ _ _ _ _ _ _ _ _ . (9) (Vorsicht: 3 Silben)

Im Erdboden sammelt sich Wasser in den _ O _ _ _ Ä _ _ _ _.
(1 2 3 4 5 6 7 8 9 10)

12. Was weißt du über Grundwasser? – Ein Silbenrätsel
Kontrollblatt

Setze die Silben richtig zusammen! Sie ergeben die Antworten. Mit Hilfe der nummerierten Buchstaben erhältst du das Lösungswort.

1. Wer saugt Wasser aus der Erde? P F L(4) A N Z E N
2. Nenne eine wasserundurchlässige Schicht! L E H(3) M
3. Grundwasser ist klar, frisch, gesund und S A U B E R(5).
4. Wie bewegt sich Grundwasser? L A N G S A M(8)
5. Für einen Weg von mehreren Kilometern braucht ein Fluss einige

   S T U(7) N D E N(10), Grundwasser dagegen viele J A H(1) R E.
6. Auf dem Sickerweg durch die Erde wird das Wasser gründlich

   G E(9) R E I N I G T. (Vorsicht: 3 Silben)

Im Erdboden sammelt sich Wasser in den H(1) O(2) H(3) L(4) R(5) Ä(6) U(7) M(8) E(9) N(10).

13. Gefahren für das Grundwasser

Jahrhundertelang war der Grundwasservorrat gleich geblieben. Während ein Teil des Wassers verbraucht wurde, kam neues hinzu. Der obere Rand des Grundwassers – man nennt ihn den **Grundwasserspiegel** – blieb immer gleich.

Seit ungefähr 100 Jahren jedoch beginnt er zu sinken. An manchen Stellen in Deutschland ist er schon soweit gesunken, dass die Pflanzen kein Wasser mehr bekommen. Ganze Landstriche sind schon verdorrt.
Viele Brunnen sind versiegt.
Das **Gleichgewicht,** das über Jahrtausende herrschte, hat der Mensch in kurzer Zeit **zerstört.**

Wie konnte das passieren?

Der **Grund** ist ganz einfach: **Der Mensch nimmt mehr Wasser weg als nachsickern kann.**

Zeichne einen Brunnen aus deiner Umgebung!
Oder fotografiere einen Brunnen und klebe das Foto hier auf!

14. Unser täglicher Wasserverbrauch

In jedem Haushalt wird täglich viel Wasser verbraucht, **sehr viel** Wasser.

Während in den unterentwickelten Ländern ein Mensch ungefähr 20 Liter pro Tag verbraucht, sind es in unserem Land ungefähr 140 Liter am Tag.

Allein ein Bad verschlingt mindestens 40 Liter. Der Wasserverbrauch auf der Toilette beträgt täglich ca. 48 Liter pro Person. Ein tropfender Wasserhahn verbraucht am Tag ungefähr 6 Liter, das sind im Monat 180 Liter.

1. Schreibe auf, wie oft und wofür du am Tag Wasser verbrauchst!
2. Schreibe auf, wie oft und wofür deine Familienmitglieder am Tag Wasser verbrauchen!

15. Wieso bildet sich nicht schnell genug neues Grundwasser?

Hier findest du ein paar Gründe dafür. Zwei davon stimmen nicht. Streiche sie durch! Wenn du die Buchstaben der übrigen Sätze richtig ordnest, ergibt sich das Lösungswort.

1. Es werden zu viele Feuchtgebiete (feuchte Wiesen, Moore) trockengelegt. Das Wasser lässt man in Rohren schnell abfließen. S

2. Zu viel Fläche wird bebaut und asphaltiert. Eine Autobahnauffahrt hat z. B. das Ausmaß einer Kleinstadt. W

3. Die Flüsse werden begradigt. Dadurch fließt das Wasser zu schnell ab. Es kann nicht in die benachbarten Wiesen sickern. A

4. Die dicken Bäume trinken zu viel Wasser. Daher verbrauchen sie zu viel Wasser. O

5. Im Bergbau und auch beim Städtebau wird zu viel Grundwasser abgepumpt. R

6. Die Bauern bearbeiten die Böden so intensiv, dass die Erde zu fest wird. Sie kann nicht genug Wasser durchsickern lassen. E

7. Die Fische verbrauchen zu viel Wasser. Außerdem verschmutzen sie die Gewässer. M

8. Die Menschen verbrauchen zu viel Wasser. S

Das beste Getränk, um Durst zu löschen, ist frisches _ _ _ _ _ _.

Gibt es auch in der Nähe deines Wohnortes noch Feuchtgebiete?
(Vorsicht, nicht betreten, denn manchmal sind sie moorig! Außerdem sind es meistens Ruhezonen für die Tiere.)

15. Wieso bildet sich nicht schnell genug neues Grundwasser? Kontrollblatt

Hier findest du ein paar Gründe dafür. Zwei davon stimmen nicht. Streiche sie durch! Wenn du die Buchstaben der übrigen Sätze richtig ordnest, ergibt sich das Lösungswort.

1. Es werden zu viele Feuchtgebiete (feuchte Wiesen, Moore) trockengelegt. Das Wasser lässt man in Rohren schnell abfließen. — S

2. Zu viel Fläche wird bebaut und asphaltiert. Eine Autobahnauffahrt hat z. B. das Ausmaß einer Kleinstadt. — W

3. Die Flüsse werden begradigt. Dadurch fließt das Wasser zu schnell ab. Es kann nicht in die benachbarten Wiesen sickern. — A

4. Die dicken Bäume trinken zu viel Wasser. Daher verbrauchen sie zu viel Wasser. — ~~O~~

5. Im Bergbau und auch beim Städtebau wird zu viel Grundwasser abgepumpt. — R

6. Die Bauern bearbeiten die Böden so intensiv, dass die Erde zu fest wird. Sie kann nicht genug Wasser durchsickern lassen. — E

7. Die Fische verbrauchen zu viel Wasser. Außerdem verschmutzen sie die Gewässer. — ~~M~~

8. Die Menschen verbrauchen zu viel Wasser. — S

Das beste Getränk, um Durst zu löschen, ist frisches _W_ _A_ _S_ _S_ _E_ _R_.

Gibt es auch in der Nähe deines Wohnortes noch Feuchtgebiete?
(Vorsicht, nicht betreten, denn manchmal sind sie moorig! Außerdem sind es meistens Ruhezonen für die Tiere.)

16. Wasser – Ein Quiz zu den Seiten 9–32

Stimmen diese Behauptungen? Kreuze ja oder nein an!

	ja	nein	
1. Wasser bewegt ganze Erdmassen.			K
2. Der größte Teil des Wassers befindet sich in den Flüssen.			O
3. Auf der Erdkugel geht kein Wasser verloren.			R
4. Wasser bestimmt die Formen der Küstenlinien.			E
5. Wasser verschmutzt, wenn es durch die Erde sickert.			B
6. Das Grundwasser wird allmählich weniger.			I
7. Grundwasser ist ein natürlicher Wasserspeicher.			S
8. 97% aller Wasservorräte befinden sich in den Meeren.			L
9. Wasser gibt es in vielerlei Formen auf der Erde.			A
10. Grundwasser ist sauber, frisch und gesund.			U
11. Die Reise aller Wassertropfen dauert gleich lang.			M
12. Das Wasser in den Meeren ist Süßwasser.			Z
13. Es gibt viele Gefahren für unser Grundwasser.			F
14. Die Hälfte der Erdoberfläche ist mit Wasser bedeckt.			H

Die Buchstaben neben den Ja-Antworten ergeben das Lösungswort. Setze es unten ein!

Das Wasser befindet sich in einem ständigen _ _ _ _ _ _ _ _ _.

16. Wasser – Ein Quiz zu den Seiten 9–32 · Kontrollblatt

Stimmen diese Behauptungen? Kreuze ja oder nein an!

	ja	nein	
1. Wasser bewegt ganze Erdmassen.	X		K
2. Der größte Teil des Wassers befindet sich in den Flüssen.		X	O
3. Auf der Erdkugel geht kein Wasser verloren.	X		R
4. Wasser bestimmt die Formen der Küstenlinien.	X		E
5. Wasser verschmutzt, wenn es durch die Erde sickert.		X	B
6. Das Grundwasser wird allmählich weniger.	X		I
7. Grundwasser ist ein natürlicher Wasserspeicher.	X		S
8. 97% aller Wasservorräte befinden sich in den Meeren.	X		L
9. Wasser gibt es in vielerlei Formen auf der Erde.	X		A
10. Grundwasser ist sauber, frisch und gesund.	X		U
11. Die Reise aller Wassertropfen dauert gleich lang.		X	M
12. Das Wasser in den Meeren ist Süßwasser.		X	Z
13. Es gibt viele Gefahren für unser Grundwasser.	X		F
14. Die Hälfte der Erdoberfläche ist mit Wasser bedeckt.		X	H

Die Buchstaben neben den Ja-Antworten ergeben das Lösungswort. Setze es unten ein!

Das Wasser befindet sich in einem ständigen _K_ _R_ _E_ _I_ _S_ _L_ _A_ _U_ _F_.

17. Woher kommt unser Wasser?

Manche Leute haben einen eigenen Brunnen, aus dem sie Grundwasser heraufholen. Aber normalerweise bekommt jeder Haushalt sein Wasser vom Wasserwerk.

Dort wird unser Trinkwasser aus verschiedenen Wassern zusammengesetzt: aus Grundwasser, Flusswasser oder Wasser aus größeren Seen. Es wird dort gesammelt, vermischt, belüftet, gefiltert und gereinigt. Schließlich wird es in Wasserrohre geleitet, die das Trinkwasser zu den einzelnen Wohnungen bringen.

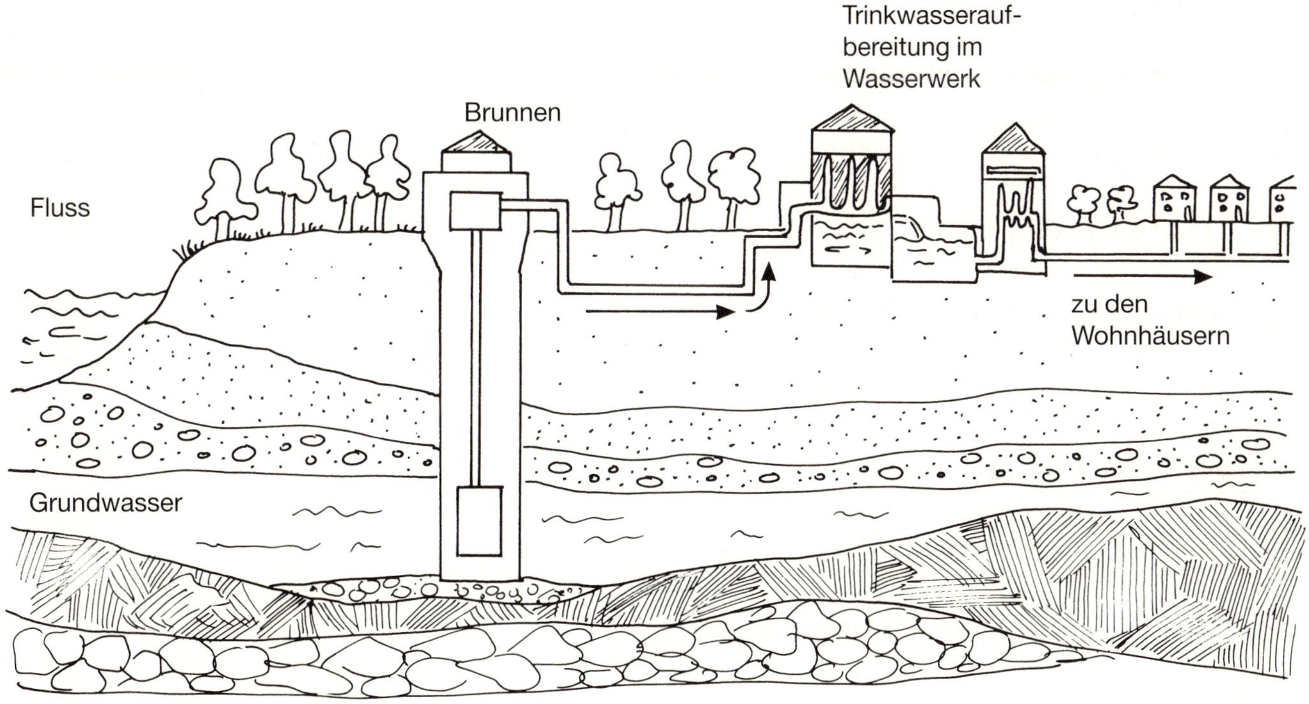

Für jeden Haushalt gibt es eine Wasseruhr, die den Verbrauch misst. Dort kannst du ablesen, wie viel Wasser ihr verbraucht habt.

Lass dir deine Wasseruhr zeigen!
Suche das Wasserwerk, das dein Trinkwasser zubereitet!

18. Wasserprobleme in den Ländern der dritten Welt

Sammle Bilder und Zeitungsartikel zu dem Thema Wasser in den Ländern der dritten Welt!
Klebe sie hier auf!

19. Die Wasserverschmutzung

Das Wasser, das unsere Wohnungen wieder verlässt, ist schmutzig. Es ist so verschmutzt, dass es nicht einfach in die Flüsse geleitet werden kann. Durch dicke Abwasserkanäle fließt es zu einer Kläranlage, wo es weitgehend von den verschiedenen Schadstoffen befreit wird. Schadstoffe sind organische Stoffe wie Lebensmittelreste, Pflanzennährstoffe wie Phosphate, schwer abbaubare organische Stoffe wie Farben, Reinigungsmittel, Schwermetalle wie Blei, Salze und zu warmes Wasser.

Noch in der ersten Hälfte dieses Jahrhunderts hat man die Abwässer einfach auf große Felder versprüht. Dort sickerten sie in den Boden. Dabei wurden sie allmählich gefiltert und gereinigt.

Du kannst dir eine Minikläranlage bauen, um euer Geschirrspülwasser zu reinigen.

Dazu brauchst du:

Geschirrspülwasser, ein Glas
und vier Plastikbecher mit
einem Loch im Boden (Joghurtbecher).

Fülle einen Becher halb voll mit Aktivkohle (erhältlich in Drogerie und Apotheke), den zweiten mit feinem Sand, den dritten mit kleinen Kieselsteinen! Stelle die Becher ineinander (wie auf dem Bild)! Stelle sie in das Glas! Setze einen Filter in den obersten Becher! Gieße dort das Spülwasser hinein! Betrachte das Wasser in dem Glas genau!

Ist es wirklich sauber?
Schüttle es!
Betrachte es durch ein Mikroskop!

Kannst du mit deinen Klassenkameraden weitere Schadstoffe finden?
Vielleicht könnt ihr gemeinsam eine Kläranlage besuchen.

20. Saubermacher sind schmutzig

Die Mittel, die gegen Schmutz wirken, sind selbst die schlimmsten Verschmutzer des Wassers. Unsere Wasch- und Reinigungsmittel enthalten schwer abbaubare chemische Stoffe.

Waschmittel enthalten z. B. Stoffe, die das Wasser weicher, die Wäsche weißer und flauschiger, die Farben leuchtender und das Waschpulver rieselfähig machen. Sie enthalten Stoffe, die die Waschmaschine vor Rost schützen und die Wäsche gut riechen lassen.

Restbestände dieser Stoffe gelangen in die Flüsse und Meere. Ein Teil dieser Stoffe, die Phosphate, bewirken, dass die Pflanzen in den Gewässern üppig wachsen. Denn Phosphate sind keine Gifte, sondern Nährstoffe. Aber zu viel Nährstoffe sind auch schädlich. Sie zerstören das Gleichgewicht unter den Wasserbewohnern. Die Folge ist, dass die Pflanzen nachts zu viel Sauerstoff verbrauchen. Das gefährdet das Leben der Fische. Sie ersticken.

Sammle Reklamesprüche für Wasch- und Reinigungsmittel!
Lies die Beschreibungen auf den Waschmittelpaketen!
Schreibe oder klebe sie hier auf!

21. Lässt sich die Verschmutzung des Wassers vermeiden?

Nein, nicht vermeiden, aber verringern. Und dabei kann jeder helfen. Wir alle.

1. Ergänze in den folgenden Tipps die fehlenden Wörter!

Sparsam, Reinigungsmittel, voll, Mülltonne, nicht, Abfälle, Lacke, Sondermüll, Waschanlage

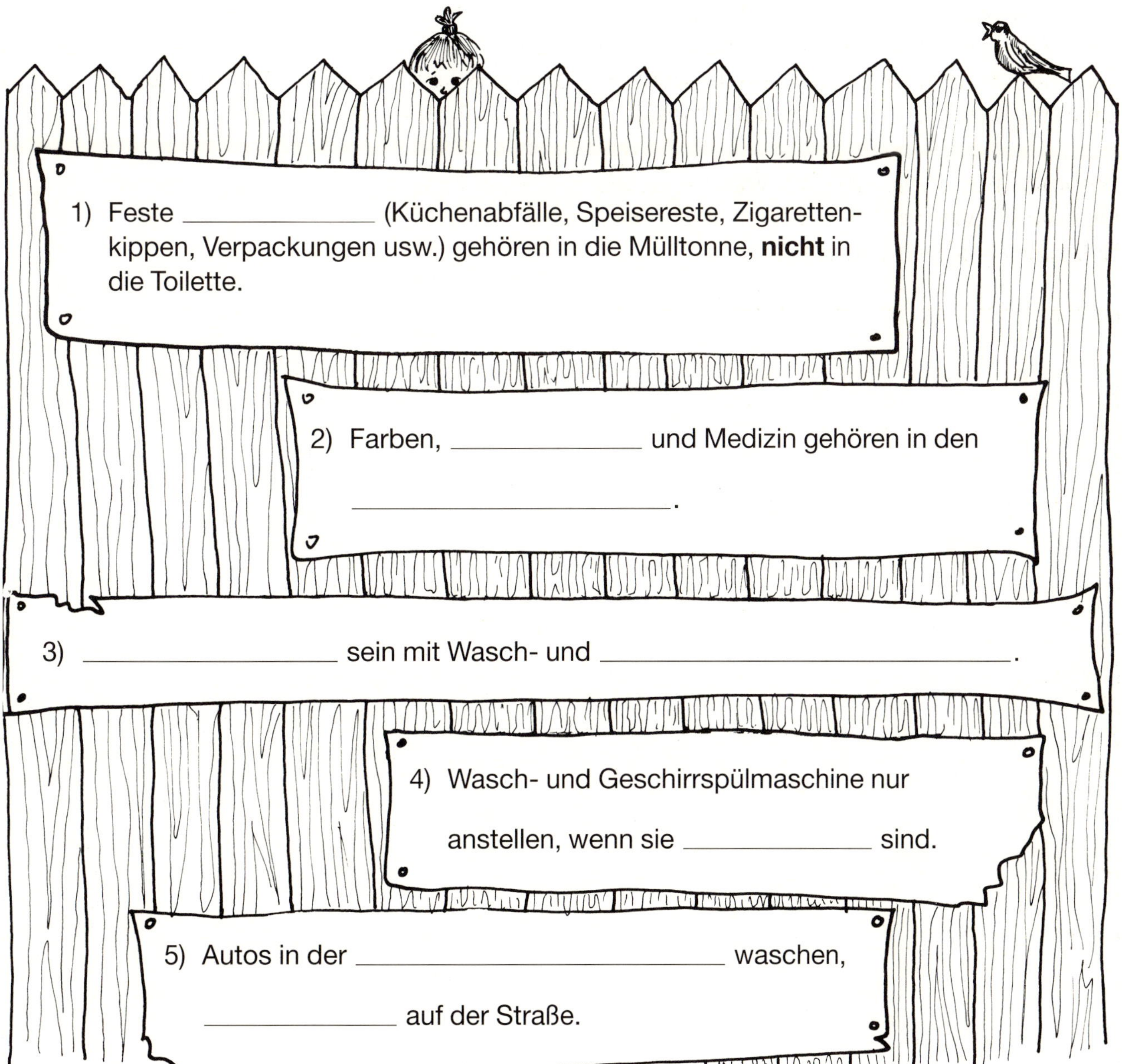

2. Sammle Zeitungsartikel über die Verschmutzung von Gewässern! Hefte sie in dein Wasserbuch!

21. Lässt sich die Verschmutzung des Wassers vermeiden? Kontrollblatt

Nein, nicht vermeiden, aber verringern. Und dabei kann jeder helfen. Wir alle.

1. Ergänze in den folgenden Tipps die fehlenden Wörter!

Sparsam, Reinigungsmittel, voll, Mülltonne, nicht, Abfälle, Lacke, Sondermüll, Waschanlage

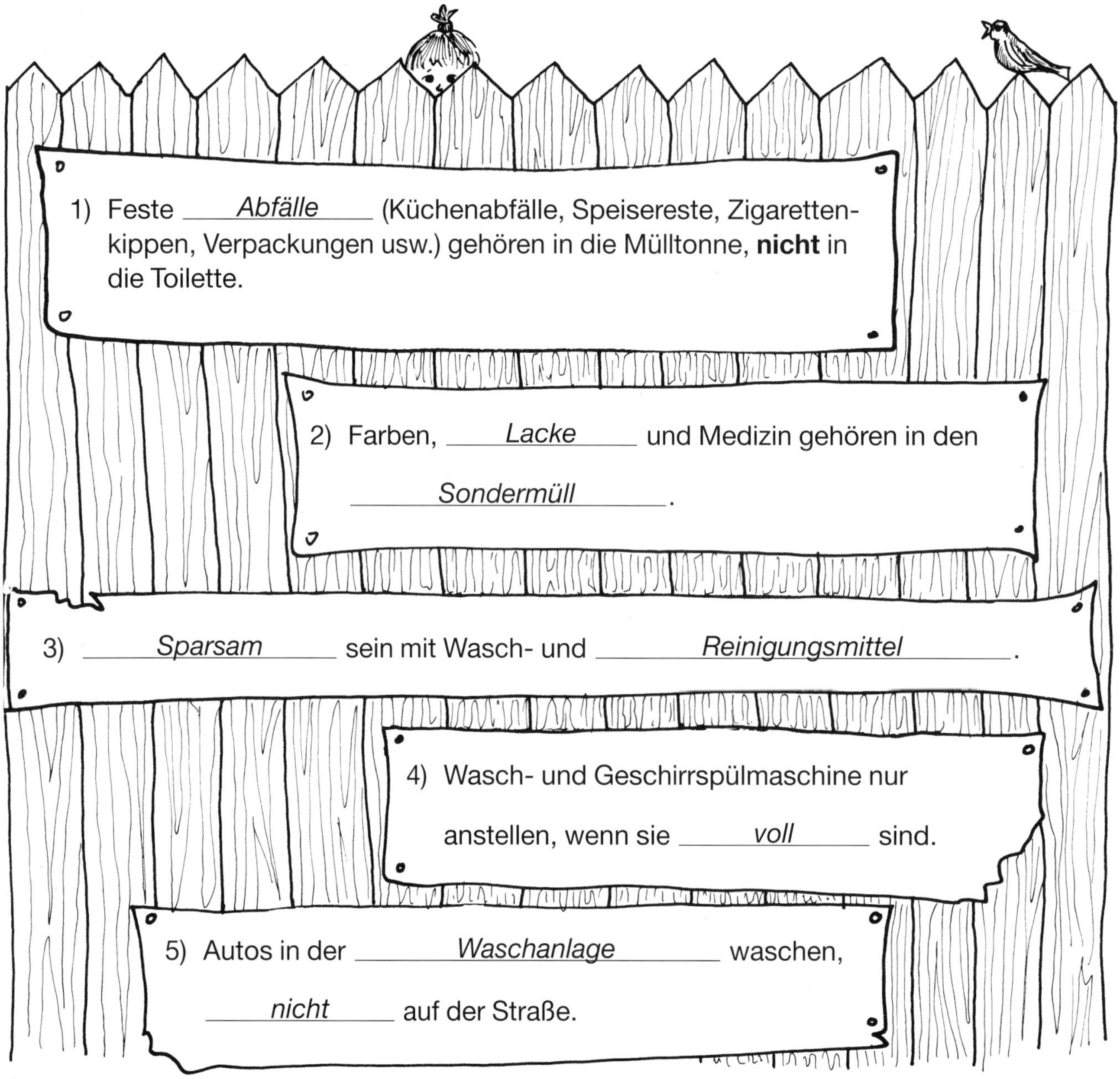

1) Feste *Abfälle* (Küchenabfälle, Speisereste, Zigarettenkippen, Verpackungen usw.) gehören in die Mülltonne, **nicht** in die Toilette.

2) Farben, *Lacke* und Medizin gehören in den *Sondermüll*.

3) *Sparsam* sein mit Wasch- und *Reinigungsmittel*.

4) Wasch- und Geschirrspülmaschine nur anstellen, wenn sie *voll* sind.

5) Autos in der *Waschanlage* waschen, *nicht* auf der Straße.

2. Sammle Zeitungsartikel über die Verschmutzung von Gewässern! Hefte sie in dein Wasserbuch!

22. Eigenschaften und Fähigkeiten des Wassers I

Wasser ist kostbar. Ohne Wasser ist kein Leben möglich. Wasser hat viele gute Eigenschaften. Sie sind auf diesem Blatt aufgezählt, versteckt zwischen vielen Fähigkeiten, die Wasser hat. Trotzdem stimmen sechs dieser Behauptungen nicht. Drei Eigenschaften und drei Tätigkeiten sind falsch.

Streiche die falschen Behauptungen durch!

Wasser kühlt (G). Es fließt (D). Es ist nass (H). Es treibt Maschinen an (O).
Es bildet kleine Berge (z. B. auf einem Teelöffel) (F).
Es ist durchsichtig (Z). Es dringt in schmale Ritzen (M). Es ist
farblos (U). Es malt Bilder (A). Es transportiert andere Stoffe (N).
Es ist eckig (R). Es verdampft (G). Es ist gesund (C). Es löst andere
Stoffe (z. B. Zucker, Salz, Schmutz) auf (L). Es ist geruchsfrei (X).
Es bildet Tropfen (E). Es gefriert (V). Es brennt (K). Es ist
geschmacksfrei (W). Es ist ungiftig (P). Es heizt (Y). Es kühlt (Q).
Es ist farbig (T). Es trägt Sachen und Lebewesen (J). Es ist trocken (I).
Es lacht (S). Es steigt durch schmale Öffnungen hoch (B).
Es erzeugt Strom (L).

Die Buchstaben hinter den falschen Behauptungen ergeben hintereinander gelesen das Lösungswort.

Das Gebiet um den Nordpol heißt _ _ _ _ _ _.

Findest du noch mehr Eigenschaften oder Fähigkeiten des Wassers? Dann ergänze sie auf Seite 43!

22. Eigenschaften und Fähigkeiten des Wassers I · Kontrollblatt

Wasser ist kostbar. Ohne Wasser ist kein Leben möglich. Wasser hat viele gute Eigenschaften. Sie sind auf diesem Blatt aufgezählt, versteckt zwischen vielen Fähigkeiten, die Wasser hat. Trotzdem stimmen sechs dieser Behauptungen nicht. Drei Eigenschaften und drei Tätigkeiten sind falsch.

Streiche die falschen Behauptungen durch!

Wasser kühlt (G). Es fließt (D). Es ist nass (H). Es treibt Maschinen an (O).
Es bildet kleine Berge (z. B. auf einem Teelöffel) (F).
Es ist durchsichtig (Z). Es dringt in schmale Ritzen (M). Es ist
farblos (U). Es malt Bilder (~~A~~). Es transportiert andere Stoffe (N).
Es ist eckig (~~R~~). Es verdampft (G). Es ist gesund (C). Es löst andere
Stoffe (z. B. Zucker, Salz, Schmutz) auf (L). Es ist geruchsfrei (X).
Es bildet Tropfen (E). Es gefriert (V). Es brennt (~~K~~). Es ist
geschmacksfrei (W). Es ist ungiftig (P). Es heizt (Y). Es kühlt (Q).
Es ist farbig (~~T~~). Es trägt Sachen und Lebewesen (J). Es ist trocken (~~I~~).
Es lacht (~~S~~). Es steigt durch schmale Öffnungen hoch (B).
Es erzeugt Strom (L).

Die Buchstaben hinter den falschen Behauptungen ergeben hintereinander gelesen das Lösungswort.

Das Gebiet um den Nordpol heißt _A_ _R_ _K_ _T_ _I_ _S_.

Findest du noch mehr Eigenschaften oder Fähigkeiten des Wassers? Dann ergänze sie auf Seite 43!

23. Eigenschaften und Fähigkeiten des Wassers II

Sortiere die richtigen Behauptungen von Seite 41 nach Eigenschaften und Fähigkeiten!

Schreibe sie in die entsprechenden Flaschen! Wenn dir noch mehr einfallen, schreibe sie dazu!

Wie ist Wasser?
(7 Eigenschaften)

Was tut Wasser?
(14 Tätigkeiten)

23. Eigenschaften und Fähigkeiten des Wassers II · Kontrollblatt

Sortiere die richtigen Behauptungen von Seite 41 nach Eigenschaften und Fähigkeiten!

Schreibe sie in die entsprechenden Flaschen! Wenn dir noch mehr einfallen, schreibe sie dazu!

Wie ist Wasser?
(7 Eigenschaften)

Was tut Wasser?
(14 Tätigkeiten)

24. Wasser macht Geräusche

Wasser macht die verschiedensten Geräusche. Hier findest du eine ganze Sammlung davon. Vier falsche Wörter haben sich dazwischengemogelt. Streiche sie durch! Die Buchstaben hinter diesen Wörtern ergeben ein Wort.

gurgeln (S)	schneien (F)	murmeln (A)	rauschen (L)	branden (B)
brausen (Ä)	donnern (M)	gluckern (X)	verschlingen (E)	spritzen (O)
tosen (U)	perlen (I)	plätschern (C)	tropfen (V)	regnen (Z)
gefrieren (N)	sprudeln (K)	schütten (H)	gießen (J)	

Das Lösungswort heißt: __ __ __ __.

Schreibe mindestens sieben der Geräuschwörter hier auf!

Suche dir drei Geräusche aus! Versuche sie mit Wasser nachzuahmen!

Georg Friedrich Händel (1685–1759) hat ein Musikstück über Wasser geschrieben, die „Wassermusik-Suite".
Franz Liszt hat ein Musikstück über die Wasserspiele im Park der Villa d'Este bei Rom geschrieben. In diesen beiden Werken kommen viele Geräusche vor, die Wasser macht.
Vielleicht kannst du dir eine CD mit dieser Musik ausleihen, z. B. in deiner Bücherei.

Kannst du die Geräusche heraushören?

Nimm mit deinem Kassettenrekorder verschiedene Wassergeräusche auf (am Meer, am Fluss, am Bach, am Wasserfall, bei Regen usw.)!
Lass deine Freunde raten, wo du die Geräusche aufgenommen hast!

24. Wasser macht Geräusche · Kontrollblatt

Wasser macht die verschiedensten Geräusche. Hier findest du eine ganze Sammlung davon. Vier falsche Wörter haben sich dazwischengemogelt. Streiche sie durch! Die Buchstaben hinter diesen Wörtern ergeben ein Wort.

gurgeln (S)	~~schneien (F)~~	murmeln (A)	rauschen (L)	branden (B)
brausen (Ä)	donnern (M)	gluckern (X)	~~verschlingen (E)~~	spritzen (O)
tosen (U)	~~perlen (I)~~	plätschern (C)	tropfen (V)	regnen (Z)
~~gefrieren (N)~~	sprudeln (K)	schütten (H)	gießen (J)	

Das Lösungswort heißt: *F E I N*.

Schreibe mindestens sieben der Geräuschwörter hier auf!

gurgeln, rauschen, brausen, donnern, gluckern, plätschern, sprudeln

Suche dir drei Geräusche aus! Versuche sie mit Wasser nachzuahmen!

Georg Friedrich Händel (1685–1759) hat ein Musikstück über Wasser geschrieben, die „Wassermusik-Suite“.
Franz Liszt hat ein Musikstück über die Wasserspiele im Park der Villa d’Este bei Rom geschrieben. In diesen beiden Werken kommen viele Geräusche vor, die Wasser macht.
Vielleicht kannst du dir eine CD mit dieser Musik ausleihen, z. B. in deiner Bücherei.

Kannst du die Geräusche heraushören?

Nimm mit deinem Kassettenrekorder verschiedene Wassergeräusche auf (am Meer, am Fluss, am Bach, am Wasserfall, bei Regen usw.)!
Lass deine Freunde raten, wo du die Geräusche aufgenommen hast!

25. Wasser kann klettern

Taucht man einen Trinkhalm in Wasser ein, steigt es im Halm hoch, bis es dort höher steht als der Wasserspiegel. Je dünner die Öffnung, desto höher steigt das Wasser.

1. Versuch: Fülle einen tiefen Teller mit Wasser!
Nimm einen Streifen steifer Plastikfolie!
Drücke die Enden wie auf der Zeichnung zusammen! Beobachte das Wasser!

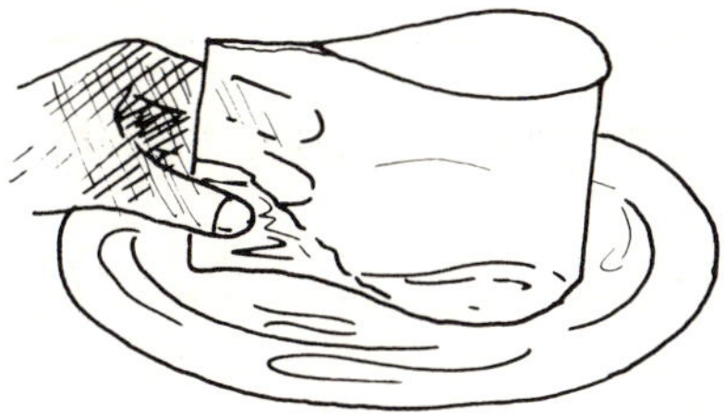

Beobachtung:

____

____

Wasser steigt bis in die höchsten Wipfel der Bäume. In Bäumen und anderen Pflanzen befinden sich Tausende von engen Röhren, in denen das Wasser aufsteigen kann.

2. Versuch: Stelle eine Blume mit weißer Blüte in ein Glas mit roter oder blauer Tinte!
Kontrolliere ca. 30 Minuten später!

Beobachtung:

____

____

Diesen Effekt nennt man _ _ _ _ _ _ _ _ _ _ _ _ _ _.
(siehe das Lösungswort unten)

6. Junges Schaf

7.

5. Gegenteil von *leise*

3.

10. Gegenteil von *fleißig*

11. anderes Wort für *beinahe*

1.

2.

4.

13.

12. Kletterpflanze

8.

9.

14.

1↓	2↓	3↓	4↓	5↓	6↓	7↓	8↓	9↓	10↓	11↓	12↓	13↓	14↓

25. Wasser kann klettern · Kontrollblatt

Taucht man einen Trinkhalm in Wasser ein, steigt es im Halm hoch, bis es dort höher steht als der Wasserspiegel. Je dünner die Öffnung, desto höher steigt das Wasser.

1. Versuch: Fülle einen tiefen Teller mit Wasser! Nimm einen Streifen steifer Plastikfolie! Drücke die Enden wie auf der Zeichnung zusammen! Beobachte das Wasser!

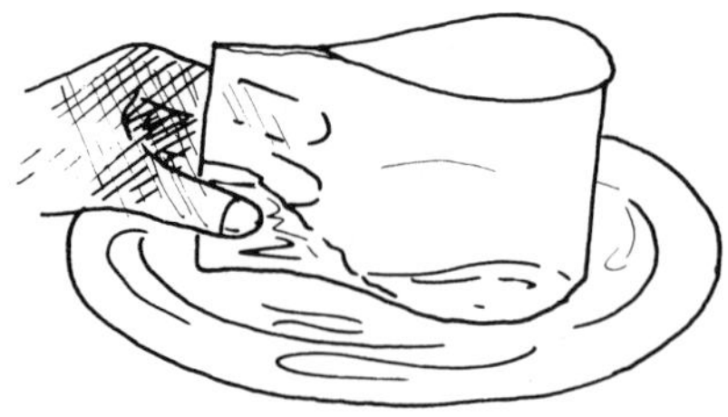

Beobachtung:

____

____

Wasser steigt bis in die höchsten Wipfel der Bäume. In Bäumen und anderen Pflanzen befinden sich Tausende von engen Röhren, in denen das Wasser aufsteigen kann.

2. Versuch: Stelle eine Blume mit weißer Blüte in ein Glas mit roter oder blauer Tinte! Kontrolliere ca. 30 Minuten später!

Beobachtung:

____

____

Diesen Effekt nennt man *K A P I L L A R E F F E K T*.
(siehe das Lösungswort unten)

6. Junges Schaf

7. 

5. Gegenteil von *leise*

3. 

10. Gegenteil von *fleißig*

11. anderes Wort für *beinahe*

1. 

13. 

12. Kletterpflanze

4. 

2. 

8. 

9. 

14. 

1↓	2↓	3↓	4↓	5↓	6↓	7↓	8↓	9↓	10↓	11↓	12↓	13↓	14↓
► K	A	P	I	L	L	A	R	E	F	F	E	K	T
R	U	I	G	A	A	U	I	N	A	A	F	O	U
U	T	L	E	U	M	G	N	T	U	S	E	P	B
G	O	Z	L	T	M	E	G	E	L	T	U	F	E

26. Wasser bildet Berge

Das ist unglaublich, nicht wahr? Wir wollen prüfen, ob das stimmt.

1. Versuch: Fülle ein Glas randvoll mit Wasser!
Nimm eine Pipette und tropfe vorsichtig Wasser in das volle Glas!

2. Versuch: Nimm einen Löffel voll Wasser! Nimm eine Pipette und tropfe vorsichtig Wasser auf den vollen Löffel!

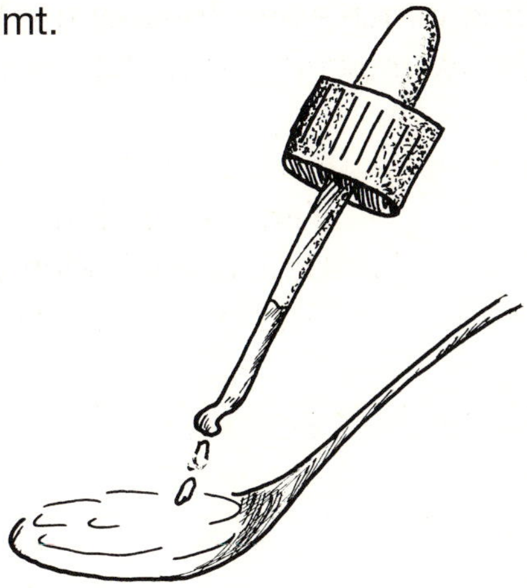

Erstaunlich, wie sich das Wasser über den Rand wölbt, manchmal 1–2 mm hoch.
Es sieht aus, als hätte das Wasser eine Haut, die alles zusammenhält. Die kleinen Teilchen, die Moleküle, des Wassers haften fest aneinander. Die Wassermoleküle am Glasrand oder Löffelrand klammern sich an die Moleküle, die weiter in der Mitte sind. Man spricht hier von **Oberflächenspannung.**

Wegen dieser Oberflächenspannung kann das Wasser sogar Sachen tragen, die eigentlich wegen ihrer Schwere untergehen müssten, z. B. Stecknadeln.

3. Versuch: Fülle ein Glas mit Wasser! Lege eine Stecknadel auf einen Streifen Papier!
Halte das Papier nahe an die Wasseroberfläche und schiebe die Stecknadel vorsichtig auf das Wasser!

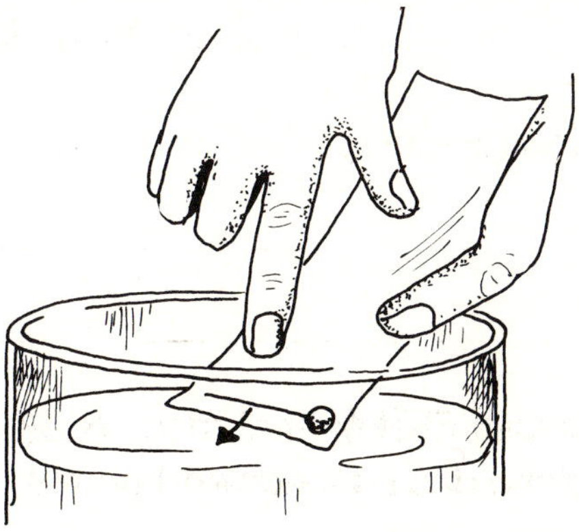

Die Oberflächenspannung macht es auch den Wasserläufern möglich, über die Wasseroberfläche zu laufen. Sicher hast du diese zierlichen Insekten schon an einem Teich gesehen.

Spülmittel, Waschmittel, Reinigungsmittel usw. enthalten Stoffe (Tenside), die die Spannung geringer werden lassen. Das bedeutet, dass die „Haut“ des Wassers zerreißt. So kann das Wasser den Schmutz besser lösen.

27. Wasser erzeugt Elektrizität I

Durch die große Kraft und Bewegungsenergie des Wassers kann Elektrizität erzeugt werden. Das Wasser wird hinter hohen Dämmen in riesigen künstlichen Seen, den Talsperren, gesammelt. Das so aufgestaute Wasser steht unter hohem Druck. Durch Rohre wird das Wasser zum Kraftwerk geleitet.

Dort versetzt es große Wasserturbinen (moderne Wasserräder aus Metall) in schnelle Umdrehungen.
Die Achsen der Wasserturbinen sind an elektrische Generatoren (d. h. Erzeuger) angeschlossen, die die Elektrizität erzeugen.

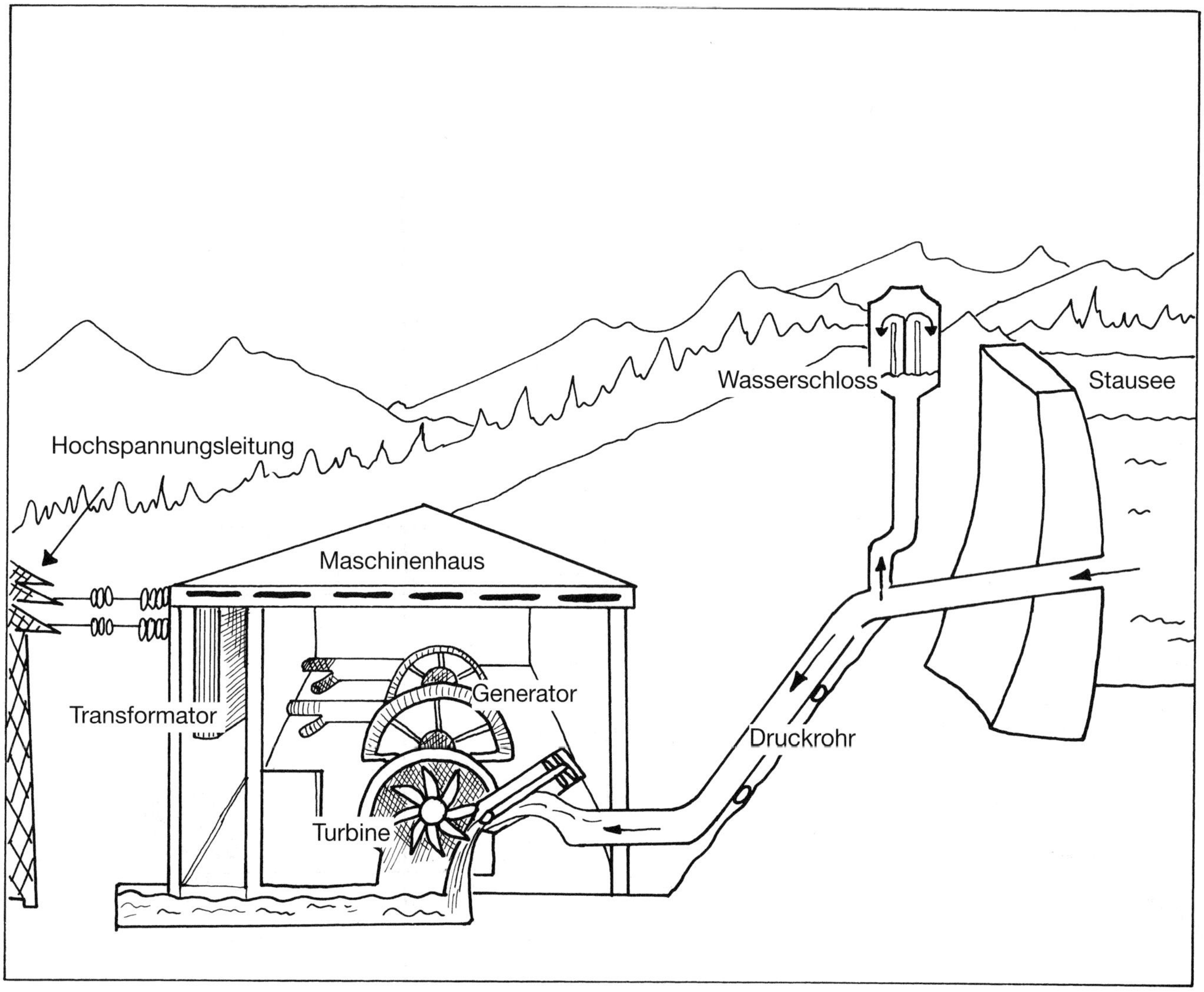

Vielleicht kannst du mit deiner Klasse oder deiner Familie einen Ausflug zu einem Stausee und einem Wasserkraftwerk machen. Suche in der Bücherei nach weiterer Literatur!

28. Wasser erzeugt Elektrizität II – Ein Kreuzworträtsel

Hier kannst du testen, wie viel du von dem schwierigen Text auf Seite 50 behalten hast.
Viel Erfolg!

1. Ein großes Wasserrad aus Metall ist eine …
2. Wohin leiten die Rohre des Wassers aus dem Stausee?
3. Wasser kann … erzeugen.
4. Wodurch wird das Wasser zum Kraftwerk gepumpt?
5. Was ist für unser Leben genauso wichtig wie die Luft?
6. Das aufgestaute Wasser steht unter großem …
7. Ein in einem Tal aufgestauter See ist eine …
8. Staumauern nennt man auch …

Die dick umrandeten Kästchen ergeben das Lösungswort.

Das durch die Rohre herabstürzende Wasser bringt riesige Turbinen in Schwung. Diese treiben große Maschinen an, die man elektrische G _ _ _ _ _ _ _ _ _ N nennt.

28. Wasser erzeugt Elektrizität II – Ein Kreuzworträtsel
Kontrollblatt

Hier kannst du testen, wie viel du von dem schwierigen Text auf Seite 50 behalten hast. Viel Erfolg!

1. Ein großes Wasserrad aus Metall ist eine …
2. Wohin leiten die Rohre des Wassers aus dem Stausee?
3. Wasser kann … erzeugen.
4. Wodurch wird das Wasser zum Kraftwerk gepumpt?
5. Was ist für unser Leben genauso wichtig wie die Luft?
6. Das aufgestaute Wasser steht unter großem …
7. Ein in einem Tal aufgestauter See ist eine …
8. Staumauern nennt man auch …

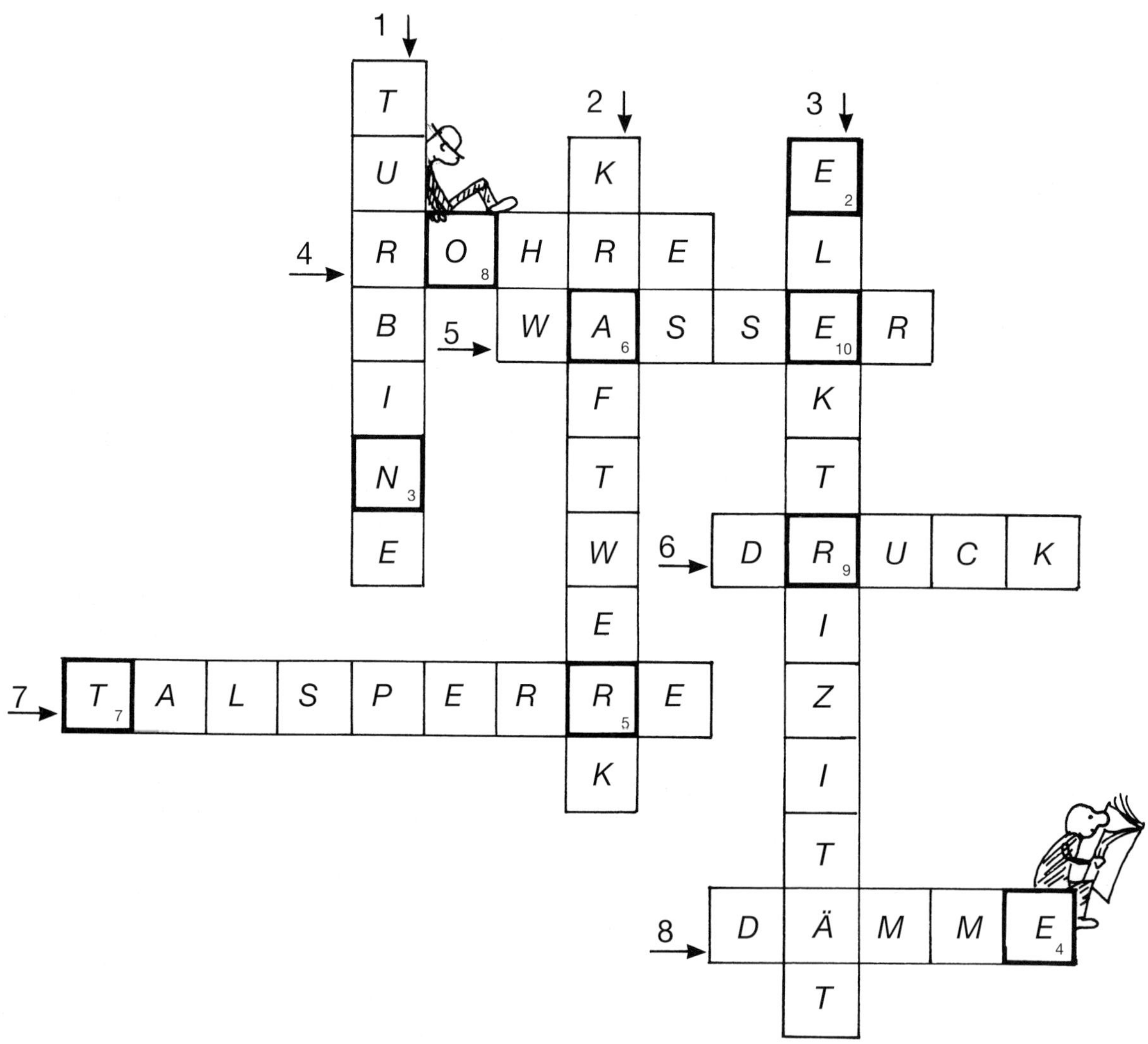

Die dick umrandeten Kästchen ergeben das Lösungswort.

Das durch die Rohre herabstürzende Wasser bringt riesige Turbinen in Schwung. Diese treiben große Maschinen an, die man elektrische G E N E R A T O R E N nennt.

29. Wir basteln ein Wasserrad

Wasserräder erfand der Mensch schon recht früh. Denn so konnte er das Wasser für sich arbeiten lassen und brauchte sich selbst nicht so anzustrengen.

Vielleicht hast du schon eine alte Mühle oder ein altes Sägewerk besichtigen können. Wenn nicht, erkundige dich, ob es in deiner Nähe so etwas gibt! Vielleicht könnt ihr einen Klassenausflug dorthin machen.

Du kannst dir auch selber ein Wasserrad basteln. Dazu brauchst du: 1 Schere, 1 Messer, 1 Korken, 1 Stricknadel, 2 Joghurtbecher, evtl. 2. Astgabeln.

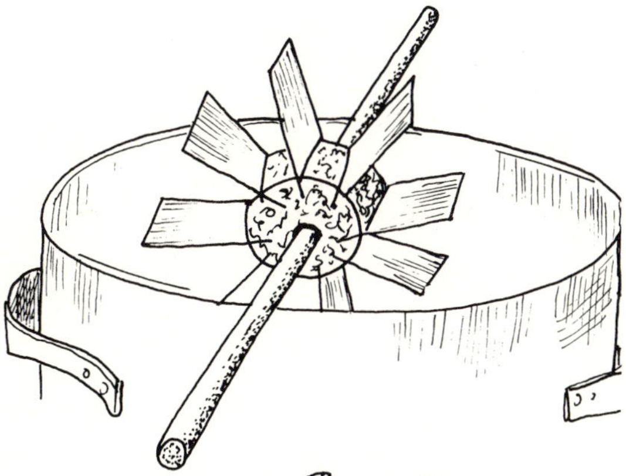

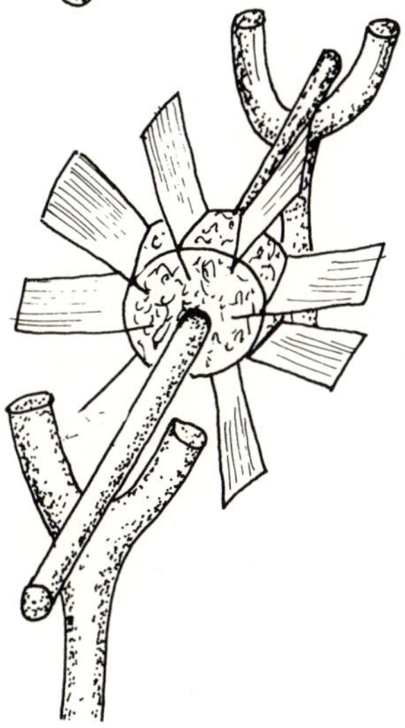

So wird es gemacht:

1. Ritze mit dem Messer (Vorsicht!) in gleichen Abständen 6 oder 8 Schlitze in den Korken!
2. Bohre ein Loch in den Korken und stecke die Stricknadel durch den Korken! (Vorsicht, nicht in die Hand stechen!)
3. Schneide 6–8 Stücke aus den Joghurtbechern! Das sind die Schaufeln des Wasserrades. Stecke sie vorsichtig in die Schlitze!
   Fertig ist das Wasserrad.

Lege es auf einen Topf, den du unter den Wasserhahn stellst! Dreh den Wasserhahn auf, aber nicht zu fest!

Schöner ist es, wenn du es auf einem Spaziergang mit deinen Eltern an einem Bach ausprobieren kannst. Stecke dann zwei Astgabeln in den Bachgrund, lege die Stricknadeln in die Gabelung hinein! Die Wasserschaufeln dürfen nur ganz wenig das Wasser berühren. (Vorsicht am Bach!)

30. Wasser-Instrumente

Aus alltäglichen Gebrauchsgegenständen wie Töpfen, Kannen, Flaschen usw. kann man schöne Instrumente machen, auf denen man Melodien spielen kann. Klang und Tonhöhe hängen vom Material und der Größe der Gefäße ab.

Verschiedene Tonhöhen erzielt man auch, indem man gleich große Gefäße mit verschiedenen Wassermengen füllt. Damit lassen sich richtige Melodien erzeugen. Hier sind drei Vorschläge.

1. Instrument: Mit Wasser gefüllte Porzellanschalen, die mit Bambusstäben angeschlagen werden. Auf dem einen Ende des Bambusstabes ist Filz oder Kork.

2. Instrument: Mit Wasser gefüllte Flaschen, die mit einem Holzstab abgeschlagen werden. Du kannst auch vorsichtig hineinblasen.

3. Instrument: Mit Wasser gefüllte Gläser, die mit einem Holzstab angeschlagen werden. Noch schöner aber klingt es, wenn man den flachen angefeuchteten Handflächen darüberstreicht.

Je mehr Gläser, desto mehr Töne. Man kann darauf einfache Melodien spielen, aber auch schwierige Musikstücke. Das hängt – wie bei jedem anderen Instrument – von der Übung ab.

31. Das Wasser in Märchen

Bei allen Völkern und zu allen Zeiten waren sich die Menschen bewusst, wie lebenswichtig Wasser ist. Daher spielt das Wasser auch in vielen alten Märchen eine große Rolle.
Hier sind die Titel von vier dieser Märchen durcheinander geraten. Kannst du sie richtig zusammensetzen?

Schreibe sie auf!

1. ______________________ 2. ______________________

3. ______________________ 4. ______________________

Erfinde selbst eine Geschichte, in der Wasser eine wichtige Rolle spielt!

31. Das Wasser in Märchen · Kontrollblatt

Bei allen Völkern und zu allen Zeiten waren sich die Menschen bewusst, wie lebenswichtig Wasser ist. Daher spielt das Wasser auch in vielen alten Märchen eine große Rolle.
Hier sind die Titel von vier dieser Märchen durcheinander geraten. Kannst du sie richtig zusammensetzen?

Schreibe sie auf!

1. *Frau Holle*
2. *Der Froschkönig*
3. *Die Nixe im Teich*
4. *Das Wasser des Lebens*

Erfinde selbst eine Geschichte, in der Wasser eine wichtige Rolle spielt!